XUMUYE YANGZHI
SHIYONG JISHU YANJIU

畜牧业养殖
实用技术研究

崔茂盛　段建兵　王立东 ◎ 编

U0349456

中国农业科学技术出版社

图书在版编目（CIP）数据

畜牧业养殖实用技术研究 / 崔茂盛，段建兵，王立

东编 . -- 北京：中国农业科学技术出版社，2020.4

ISBN 978-7-5116-4637-8

Ⅰ . ①畜… Ⅱ . ①崔… ②段… ③王… Ⅲ . ①畜牧业

—农业技术—研究 Ⅳ . ① S81

中国版本图书馆 CIP 数据核字 (2020) 第 038307 号

责任编辑	闫庆健　王思文　马维玲
责任校对	贾海霞
出 版 者	中国农业科学技术出版社
	北京市中关村南大街 12 号　邮编：100081
电　　话	（010）82106625（编辑室）（010）82109704（发行部）
传　　真	（010）82106625
网　　址	http: //www.castp.cn
经 销 者	各地新华书店
印 刷 者	北京建宏印刷有限公司
开　　本	787 mm×1092 mm　1/16
印　　张	9.25
字　　数	142 千字
版　　次	2020 年 4 月第 1 版　　2020 年 4 月第 1 次印刷
定　　价	48.00 元

前　言

近年来，随着现代畜牧业的不断发展，畜禽养殖已逐步走上规模化、产业化的道路，畜牧业已成为增加农民收入的支柱产业之一。但目前畜牧业生产中还存在养殖方法不科学、良种普及率低、疫病防治落后等问题，这在一定程度上制约着畜牧业的发展。针对这些问题要制定完善的解决措施，实现畜禽养殖技术的科学推广，将畜禽养殖技术的应用优势发挥出来，促进畜禽业的健康发展。

科学技术在畜牧业中发挥着重要作用，要想提升科技水平，充分体现科学技术的作用，一定要重视畜禽养殖技术人员的技术能力和专业素质培养，提升推广人员的技术操作水平。可以针对性地开展技术培训工作，与当地技术院校或培训机构进行合作，定期为畜禽养殖技术推广人员开展培训，让技术人员可以熟练操作现代化技术和设备，并将其合理应用到畜禽养殖技术的推广工作中。还需要优化推广人员的薪资待遇，吸引更多的优秀人才，保证技术推广工作的有序开展。

本书从畜牧业养殖技术的发展状况出发，本着科学性、先进性、通俗性、适用性、可操作性的原则，在简略介绍畜牧业养殖发展现状和畜牧业养殖发展趋势之后，分四个章节分别对养殖设施及设备、畜牧业养殖实用技术分析、畜禽疫病的防治实用技术和畜禽粪便污染物的控制实用技术进行了介绍，其中第二章每一节分别对优良品种、养殖圈舍、繁育技术、饲养管理和疾病防治等展开剖析。最后介绍了畜禽养殖污染来源及主要危害、粪便污染物处理利用技术、粪便污染物处理利用模式。

编者结合多年生产实践经验，收集并整理了一些先进的养殖技术编写了此书。该书具有创新性、适用性和可操作性，文字简练易懂，是广大农民群众发展畜牧业的实用技术参考用书，同时也适合基层干部和专业技术人员在指导畜牧业养殖生产时使用。希望本书的出版，能够为提高畜牧业从业人员养殖技术水平，加快畜牧业发展做出贡献。

由于编者水平所限，书中错误在所难免，恳请广大读者批评指正。

编　者

2019 年 11 月

目　录

第一章　畜牧养殖业概述

第一节　畜牧养殖业发展现状

自改革开放以来，我国养殖业不管是畜禽饲养量还是畜牧业产品产量以及人均畜产品占有量都有大幅提高。特别是近些年来，随着强农惠农政策的实施，养殖业呈现出较快发展势头，畜牧业的生产方式开始向规模化、产业化、标准化以及区域化发展。据调查，目前中国养殖业产值已占农业总产值的34%，从事养殖业生产的劳动力就有1亿多人，在养殖业发达地区，仅养殖业收入占据农民总收入的比例就超过了40%。我国养殖业的发展，保障了城乡食品价格稳定，促进了农民增收。许多地方的养殖业已经成为农村经济的支柱产业，成为增加农民收益的主要手段。随着养殖业中的一部分优秀品牌的出现，现代养殖业获得了长足的发展。

养殖业的发展对于建设现代农业、促进农民增收和加快社会主义新农村建设、提高人民群众的生活水平起着十分重要的作用。然而，随着养殖业的发展，一系列问题逐渐暴露出来。总的来看，中国的养殖业仍处于传统养殖方式与现代化养殖方式并存、传统养殖方式占重要位置的状况。品种杂乱、不成规模、散放散养、混放混养、人畜混居、粗放经营。与此同时，一些地方还存在着养殖业投入不足、养殖业生产和畜产品加工有隐患、影响畜产品质量安全的不稳定因素无法避免、生产条件以及饲养环境都不够先进、重大动物疫病预防措施不够完善等问题。

一、畜禽频发疾病增加了养殖风险

一直以来，我国畜禽养殖主要在农村，并以散养为主；养殖群体文化层次不均衡，以农民为主，信息闭塞并缺乏专业指导，对于养殖技术和规范化、科学化养殖的认识掌握不足，饲养技术不高，对于畜禽疾病的预防、诊断以及控制都没有行之有效的方法或措施；畜禽生长环境较差，养殖密度过高，环境净化处理不当，导致大量的细菌、病毒、有害气体滋生，为科学合理的安全养殖带来了极大的隐患，削减了农民养殖的积极性，严重

阻碍了农业现代化的进程，是当前畜禽养殖业发展迫切需要解决的问题，也是世界性的难题

二、畜产品频发质量问题

为了获得较高的利益，某些养殖户使用违法的养殖手段和方法生产出质量低劣甚至含毒的畜产品。畜产品质量的好坏直接关系到城乡居民的身体健康。然而传统的养殖方式常使利润和道德甚至法律产生冲突，加上养殖户高度分散，难于管理，不能保证上市畜产品符合无公害标准。

大量的分散饲养造成了交叉感染难以防治、动物疫病难以控制、公共卫生防疫和环境控制标准难以建立。

三、科技水平有待提高

作为一个养殖业大国，我国禽类存栏的数量达 40 亿只，位居世界之首，然而我国养殖产品的出口量却非常低。2006 年数据显示我国活鸡、鸡肉、蛋类出口额仅占世界出口总额 60 306 亿美元的 0.28%。2018 年出口形势虽有很大改善，但是食品安全问题依然无法避免，现状不容忽视。我国农产品想要进入国际市场，必须大力开发无公害食品、绿色食品，改变传统的养殖模式、提升养殖技术，使我国农产品的价格具有竞争优势，质量安全具有竞争优势，只有做到这些，才能参与国际市场的竞争，使我国农产品扬长避短，抢占国际市场，促进出口创汇。

四、传统养殖业恶化了农民生活环境

在农民家庭养殖这一基本事实没有改变的情况下，畜禽规模的扩大意味着牲畜与人争空间，多数家庭养殖的环境无法综合治理，污水横流，蚊虫肆虐，粪便满地，臭气熏天，使农民生产和生活的环境严重恶化，影响了村容村貌。

五、畜禽粪便处理不科学导致畜禽生病

畜禽粪便处理作为养殖过程中的一项高成本的工程，长期以来遭到了养殖户的忽视，然而随着社会经济的发展，人们对生活环境质量越来越关注，畜禽养殖污染成为社会热点问题，影响了养殖业的可持续发展。畜禽

在生存环境中一同呼吸，经常接触的群居生活，在空气质量以及物品、粪便管理上，就显得尤为突出。呼吸道疾病的发生和传播主要是因为粪便污染造成的空气污染，各种病原菌趁机滋生蔓延，并且依靠空气流动进行相互间传播。随着养殖周期递增，空气污染愈来愈严重，环境渐渐恶化，导致呼吸道疾病传播快，控制难。由于传统的消毒方式不仅加大了工作量，而且不能使卫生死角里的病原菌得到彻底的根除，疾病控制达不到理想效果，还会因消毒药物的化学残留对圈舍造成二次污染。所以，粪便污染问题也变成了养殖户们极为棘手的问题。

六、扩大再生产和增加农民收入的约束

农村家庭养殖方式，不仅污染着农民的生产生活环境，还制约着生产规模的扩大。村民虽然可以忍受长年累月的气味和粪便污染，但由于市场需求的扩大和农民增收的需要，房前屋后的家庭养殖模式以及放养模式因缺乏扩大生产需要的空间，使农民为了增加出栏量，提高收入，迫切需要有足够的饲养场地扩大畜禽生产。

第二节　畜牧养殖业发展趋势

一、集约化养殖的发展和问题

　　和传统散养方式相比,集约化养殖从环境控制、饲料营养、饲料转化率、遗传育种、生产效率、标准化生产、经营管理规模效益、疫病防治等方面都具有无可比拟的优势。随着经济发展,人民生活水平得到了提高,人民对畜产品的需求已成为食品需求的主要方面。由于集约养殖的显著效益和畜产品市场需求的扩大,养殖业正向集约化经营方向迅速发展,2015 年,猪的集约化养殖占全球的 52%,鸡的集约化养殖占全球的 58%,其中亚洲的集约化养猪达到全球 31% 的份额。我国自"菜篮子"工程实施以来,养殖业的规模及产值均发生了很多的变化,很多城郊都建起了大中型的集约化的养殖场,集约化养殖迅速发展起来。根据调查,目前生猪和肉鸡的集约化养殖比例分别达到了 34% 和 73.4%,大城市的养殖业集约化更多,根据资料显示,2016 年,上海和北京两地的养殖业集约化规模已经分别达到了 100% 和 90%。养殖业的集约化经营会极大丰富产品市场,提高人们的生活水平,实现畜禽养殖综合效益的明显提高,与此同时,畜禽养殖业集约化程度的提高也推进了农业、农村产业结构的调整,最大限度地实现了农村剩余劳动力的就地安置,为推动农民增收起到了显著作用,推动了新农村的发展与建设。

　　随着畜禽养殖集约化生产经营取得的良好经济效益,其生产外部性效益日渐显现出来,集约化养殖不仅造成严重的环境污染,还直接影响到居民生活质量与身体健康,而且也日益激化了养殖场和周边村民的矛盾,严重影响了社会的和谐。畜禽粪便不能得到充分利用是我国畜禽污染的主要原因。与小规模的畜禽养殖不同,大规模集约化养殖所产生的粪便排放多,运输时耗费大,加上集约化的养殖场基本位于城郊,与农牧脱节,大量的粪便不能在种植业、农业生产系统中被消化,粪便的资源化利用程度较低,造成严重的资源污染，污染类型主要是有机污染。据资料显示，我国目前仅畜禽的粪便 COD 排放量就超过了居民生活污水和工业污水的排放量总和。2013 年国家环境保护总局在全国 23 个省市进行的调查中发现，约有90% 的集约化养殖场没有接受环境影响评价，超过 60% 的养殖场未施行必需的防治畜禽污染的措施，集约化养殖给城乡环境和城乡居民生活造成了不可忽视的威胁。随着城市发展以及人口的增长，部分养殖场渐渐和周边的城镇和居民融合到一起，甚至成为其中的一分子，形成了目前大、中城市周围规模化畜禽养殖场比较集中的现状，加快了大中城市生态环境的污染，污水围绕城市以及城市为求发展不断驱赶养殖场的事件经常发生，严重影响了集约养殖业的可持续发展。

二、循环经济模式的意义

循环经济指的是物质封闭环状流动型的经济，在企业生产、资源投入、产品消费以及产品废弃的全过程中，把传统的依赖资源消耗的线形增长的经济方式，转变为依靠生态型资源循环扩大生产的经济方式。它是以高效、循环利用资源为目标，以再利用、资源化、减量化为原则，以物质闭路循环和能量梯次使用为特征，按照自然生态系统物质循环和能量流动方式运行的一种经济模式。该模式通过资源的高效以及循环利用，运用生态学的相关规律改变人类的经济活动，实现污染的低排放甚至零排放，保护环境，实现社会、经济与环境的可持续发展。循环经济将清洁地生产与废弃物的综合利用融合，其本质上属于一种生态经济。本着物质闭环流动的核心，运用生态学原理把经济活动重新构架组织成一个"资源—产品—再生资源"的循环利用模式以及反馈形式的流程，将废弃物排除、净化以及再利用的过程综合安排在一起，达到"最佳生产、最适消费、最少废弃"。循环经济以"减量化、再使用、再循环"作为社会的经济活动准则，提倡发展一种新型经济模式，使资源以及能源的利用率得到提高，实现经济活动的生态化，达到消除环境污染、提高经济发展质量的目的。

农业循环经济以循环经济为理论指导，强调在农业生产活动中，将过去的从自然资源到农产品再到农业废弃物的物质单向流动组织成"自然资源—农产品—农业废弃物—再生资源"的物质循环利用模式或反馈形式的过程，使所有的资源以及能源可以在农业不断循环的过程中得到合理和持久的利用，以实现资源的充分利用，减少最终排放废物的产生量，防止环境污染。

当前，在我国农业循环经济发展的过程中，已经建立了多种发展模式，一些学者经过归纳定义为区域循环模式（种植业与养殖业一体化发展模式）、能源综合利用模式、农业废弃物综合利用模式、绿色和有机农业模式以及生态养殖模式。

三、绿色畜牧养殖技术的推广

绿色畜牧养殖技术是在保护环境的政策下应运而生的。通过绿色畜牧养殖技术的广泛运用，养殖禽畜的各项资源的使用效率能够达到最大化，环境资源也不会得到过分采伐，符合当前可持续发展的政策。在绿色畜牧养殖技术的帮助之下，养殖地生态环境的污染程度会明显降低。同时，饲养禽畜患病的概率也能有所下降。对此，从事养殖工作的人们在经济收益上也会得到一定程度的安全保障。

（一）推广绿色畜牧养殖技术的重要性

1.减少环境污染，保障食品安全

人们的生活需求，无非"衣食住行"四个字，而畜牧养殖行业又与"食""住"密切相关。传统畜牧业会造成严重的环境污染，比如禽畜粪便造成的水源污染、养殖垃圾产物造成的空气污染、养殖禽畜所注射疫苗留下的药物污染等等。据统计，单从畜牧产业每年产生的粪便算起，就比工业固体废弃物要多上数倍。如果没有经过妥善的处置，在人们居住的地方，无论水源、空气、土壤、植被都会被严重污染，从而威胁到人们的生存环境。

为了减少环境污染，保障食品安全。让百姓们能住得舒心，吃得放心。我国养殖行业提出了绿色畜牧养殖技术的理念，这代表着在相同的禽畜饲养过程之中，生态环境的影响程度会牢牢锁定在一个可控制的范围之内。

2.提高经济效益，促进畜牧产业发展

绿色畜牧养殖技术虽然对当前的畜牧养殖业进行了大规模的改革，但不意味着使支出超过了增收。相反的，养殖主会得到更丰厚的经济回报。

绿色畜牧养殖技术会有效预防饲养禽畜患有疫病的风险。一旦动物种苗中出现传染病，在防治上养殖主会投入大量的金钱，实施绿色畜牧养殖技术会在无形之间降低这种情况发生的可能性。绿色畜牧养殖技术会强化禽畜的饲养效果，全面提升动物的养殖质量，让养殖主得到更高品质的畜产品。绿色畜牧养殖技术不会对周遭环境造成污染，反而会在一定程度上保护环境资源。养殖场周围居住的百姓也不会对养殖主产生反感，使养殖场主避免了许多口舌之争和打官司的风险。

（二）绿色畜牧养殖技术的推广策略

1. 注重调研畜牧绿色养殖市场

在推广绿色畜牧养殖技术时，首先要调查研究当地畜牧业绿色养殖市场的综合情况。市场主要需要考察以下两个方面。

（1）当地水土是否适合建立绿色养殖基地。绿色畜牧养殖场地大多要远离居住地和水源，场地要保持通风、干燥、卫生。如果不符合要求，那么很可能会对后续的绿色养殖工作造成影响。

（2）当地居民对绿色畜牧养殖技术产出的畜产品是否保持信任的态度。如果当地市场的采购人群对于绿色畜产品一知半解，或是抱有不信任的态度，那么急于建立畜牧绿色养殖有可能无法收回预期的投入，造成亏本经营。

2. 注重对畜牧绿色养殖技术的宣传

在推广畜牧绿色养殖技术时，推广者要着重宣传这项技术的优势。比如，高质量的禽畜产物产出，通过绿色养殖技术的规范饲养，养殖的动物种苗会得到更科学的培养，在饮食上也会接受更好的营养搭配。禽畜的疾病防疫工作是畜牧绿色养殖技术的重点关注对象，通过这项技术的管理，养殖主饲养的种苗会有效降低患有传染病的风险。

3. 绿色养殖技术过程中引导农户进行科学化管理

绿色养殖技术的推广不仅为养殖主的事业发展提供保障，也带动了周围农户的养殖业进行更合理的发展。通过这项技术的指引，散养的农户们会对养殖动物进行科学化的管理。以此呼应绿色养殖技术保护环境的目的，养殖地与散户之间齐心协力，共同阻止环境的污染恶化。绿色技术带来的科学管理模式同样也改善了周围农户的饲养效率，让畜产品的综合质量明显得以加强。由此，周围农户的经济收入也会得到显著的提高。

绿色畜牧养殖技术对畜牧养殖业的发展影响十分深远。养殖主在推广绿色畜牧养殖技术时，要注重在环境保护与经济效益上普及这项技术的重要性，并对农户进行系统的科学管理，以预防他们用不规范的养殖手段降低动物种苗的品质。此外，也要加大宣传畜牧绿色养殖技术，对当前畜牧业的绿色养殖市场进行仔细的调研，用多种策略达到良好的推广成果。

第二章 养殖设施及设备

第一节　设施养殖的概念和类型

一、设施养殖的概念和类型

设施养殖是利用建筑设施和设备及环境调控技术为畜禽养殖创造比较适宜的生活环境，为畜禽的规模化、工厂化、集约化生产创造适宜的工艺模式和工程配套技术，是畜禽规模化、集约化、工厂化生产的关键支撑技术，它和畜禽遗传育种技术、饲料营养技术、兽医防疫技术等一起支撑现代畜牧业的发展，是现代畜禽养殖技术发展的重要标志。主要内容包括：养殖场规划与畜舍建筑标准化技术、畜禽规模化养殖废弃物处理与利用技术、畜禽养殖清洁生与节能减排技术等。

设施养殖的主要类型及其优缺点。设施养殖主要有水产养殖和畜牧养殖两大类。

一是水产养殖按技术分类有围网养殖技术和网箱养殖技术。

二是在畜牧养殖方面，大型养殖场或养殖试验示范基地的养殖设施主要是开放式和有窗式。开放式养殖设备造价低，通风透气，可节约能源。有窗式养殖优点是可为畜、禽类创造良好的环境条件，但投资比较大。北方养殖主要以暖棚圈养为主，采取规模化暖棚圈养，实行秋冬季温棚开窗养殖、春夏季开放式养殖的方式。

二、国内外设施养殖发展状况

（一）设施养殖业的发展及现状

设施养殖是畜牧工程技术的重要组成部分，自20世纪70年代末以来，中国的设施养殖业得到了迅速发展，各地相继建起了一大批大中型工厂化畜禽养殖场。近些年在面向畜牧生产技术产业化改造方面起了主导作用。设施养殖工程技术在实现畜牧业现代化的进程中，与畜牧养殖生产中的品种优化、饲料营养、疾病防治、环境管理等项技术一道，以其本身的技术进步，促使畜牧生产技术的现代化。当代工程技术导入了畜牧生产全过程，使养殖生物技术工程化，致使畜牧养殖业发生了质的变化。畜牧工程技术促进了畜牧科学技术的发展，使设施养殖业向规模化、工厂化的集约生产方向迈进，从而促进动物养殖业的科技进步，加速了动物养殖业的技、工、贸一体化的进程，为动物养殖技术产业化创造了有利条件。

1. 畜牧工艺学的主导地位在加强

任何产业系统均有本行业的生产工艺，动物养殖生产运行机制中，养殖生产工艺的确定是至关重要的。动物养殖工程工艺在其工程设计中起着承上启下的综合配套作用。要求在方案设计及其各项工程图纸、诸如功能分区、总图布置、房舍建筑、环境设施、设备选型等的工程技术均要做到技术到位，即工程技术符合动物养殖的生产技术要求。中国养殖产业化技术起步较晚，发展不平衡，养鸡较为成熟配套，并已形成中国特有的工程工艺及其配套技术设施。养猪的圈栏饲养和定位饲养，也初步形成了中国特色的工艺模式。

2. 畜禽舍建筑方面

从过去主要参考工业与民用建筑规范设计建筑的砖混结构畜舍，到研究开发并推广了简易节能开放型畜禽舍，在节约资金和能源方面效果十分明显，与封闭型禽舍相比，节约资金一半，用电仅为封闭型舍的1/15~1/10。还有大棚式畜禽舍、拱板结构畜禽舍、复合聚苯板组装式畜禽舍、彩钢板组装式畜禽舍等多种建筑形式。

3. 畜禽舍加温技术的应用

近年来，北方塑料大棚式畜禽舍得到大面积推广，大中型养殖场已将正压管道送风技术引入到畜禽舍内，即使用暖风机和热风炉，将引进舍内的新空气经加热后再送到畜禽舍内。这可以把供热和通风相结合，从根本上改善寒冷季节畜禽舍内的环境。同时换热器和热风炉应用机动，投资较少，热效率高，耗煤少，劳动强度也大大降低

4. 畜禽场粪污处理与利用技术方面的应用

国内一些集约化养殖场已与科研部门合作，按各地条件对多种畜禽粪

污加工处理方法进行了初步研究。如：沼气厌氧发酵法、快速发酵法、高温高压真空干燥法、塑料大棚好氧发酵法、高温快速烘干法、热喷膨化法、微波干燥法等均已在生产中开始应用，并见到一定效果。

（二）设施养殖当前存在的问题

1. 畜禽养殖工程工艺技术不规范

畜禽养殖工程工艺技术没有得到有关部门的足够重视，未能开展系统研究。由于没有规范化的工程工艺技术，以致在养殖场建设和环境调控设施及饲养设备方面不配套。

2. 禽畜舍建筑设施落后

禽畜舍建筑设施产业化技术落后，至今仍以传统的砖混结构形式为主。由于缺少对畜禽舍建筑设施的标准化与规范化研究，未能形成与一定工程工艺配套的定型设计。尤其在畜禽舍建筑的新材料、新工艺和新技术应用方面与发达国家差距甚远。中国的畜禽舍建筑设施，虽然有个别厂家推出了一些装配式建筑产品，但基本没有考虑到畜禽舍本身的生物学特性和养殖工程工艺的要求，不能满足畜禽规模化生产的环境要求，工程技术尚不到位，有关设施也不配套，因而难以大面积推广应用。

3. 环境工程或饲养设备方面不配套

过去中国在这方面主要停留在一些单项技术的开发，但作为环境控制系统化技术和一体化控制方面还做不到，不仅设备投资高，运行控制难度大。对整体环境系统调控技术的研究也与发达国家存在较大差距。如冬夏季气候调节不利，使季节畜禽生产性能下降达10% ~ 20%，严重影响到畜禽的健康和生产力。畜牧工程设计的主导专业是工艺设计，关键技术是环境工程技术，建筑设计和设备选型是上述两项工程技术的体现。畜牧工程设备涉及圈栏、笼具、料线、水线等饲养设备，还有通风、光照、上下水、保温、防寒等环境工程设备以及其他辅助性设施。所以这些设备必须形成系列配备成套，这样才有利于匹配和调剂做到恰到好处，同时也便于用户选择和调换。

4.设施养殖业生产发展不平衡

当前大量存在的农村个体生产，在畜禽的环境控制技术上几乎是空白，针对农村社区分散生产的环境问题的研究也很少。广大农村仍处于"后院养殖业"的状态，任圈场地，缺乏统一规划，畜禽舍过于集中，生产管理又过去分散，畜禽交错，人畜混杂。大城市郊区虽有分区规划，但多数养殖场自净能力很差，粪污处理能力不健全不完善，甚至无处理即行排放，导致污染，形成公害。这种以牺牲生态环境为代价的畜牧养殖业亟需改进。

（三）设施养殖的发展趋势

世界设施养殖技术的发展趋势是，从更多地利用动物行为和动物福利角度考虑畜舍的建筑空间和饲养设备；从环境系统角度，综合考虑系统通风、降温与加温等的环境控制技术，使这些技术得到发展与推广应用。结合当地自然条件，充分利用自然资源的综合环境调控技术及其配套设施设备的开发应用是世界各国都在追求的目标。中国设施养殖产业化中各项技术的发展，必须根据国情，针对现状，认真研究，正确引导，稳定而持续发展中国设施养殖业，从而健康快速地推动设施养殖产业化经营的历史进程。

第二节 圈舍建设

一、羊舍建设

（一）羊舍建设要求

（1）建筑面积要足，使羊可以自由活动。拥挤、潮湿、不通风的羊舍，有碍羊只的健康生长，同时在管理上也不方便。特别是在夏天潮湿季节，尤其要注意建筑时每只羊最低占有面积：种公羊 1.5 ～ 2m²、成年母羊 0.8 ～ 1.6m²、育成羊 0.6 ～ 0.8m²、怀孕或哺乳羊 2.3 ～ 2.5m²。

（2）建筑材料的选择以经济耐用为原则，可以就地取材，石块、砖头、土坯、木材等均可。

（3）羊舍的高度要根据羊舍类型和容纳羊群数量而定。羊只多需要较高的羊舍高度，使舍内空气新鲜，但不应过高，一般由地面至棚顶以 2.5m 左右为宜，潮湿地区可适当高些。

（4）合理设计门窗，羊进出舍门容易拥挤，如门太窄孕羊可能因受外力挤压而流产，所以门应适当宽一些，一般宽 3m、高 2m 为宜。要特别注意：门应朝外开。如饲养羊只少，体积也相应小的羊，舍门建成 1.5 ～ 2m 比较合适，寒冷地区舍门外可加建套门。

（5）羊舍内应有足够的光线，以保持舍内卫生，要求窗面积占地面面积的 1/15，窗要向阳，距地面高 1.5m 以上，防止贼风直接袭击羊体。

（6）羊舍地面应高出舍外地面 20 ～ 30cm，铺成缓坡形，以利排水。羊舍地面以土、砖或石块铺垫，饲料间地面可用水泥或木板铺设。

（7）保持适宜的温度和通风，一般羊舍冬季保持 0℃以上即可，羔羊舍温度不低于 8℃，产房温度在 10 ～ 18℃ 比较适宜。

（二）羊舍类型

1. 按羊舍的用途分类

（1）公羊舍和青年羊舍——封闭双坡式羊舍，饲槽有单列式和双列式。在北方，冬季寒冷，羊舍南面可半敞开，北面封闭而开小窗户，运动场设在南面，单列式小间适于饲养公羊，大间适于饲养青年羊。

（2）成年母羊舍——双列式，成年母羊舍可建成双坡、双列式。在北方，南面设大窗户，北面设小窗户，中间或两端可设单独的专用生产室。舍内水泥地面，有排水沟，舍外设带有凉棚和饲槽的运动场。舍内设有饲槽和栏杆。

（3）羔羊舍——保暖式。羔羊舍在北方关键在于保暖，若为平房，其房顶、墙壁应有隔热层，材料可用锯末、刨花、石棉、玻璃纤维、膨胀聚苯乙烯等。舍内为水泥地面，排水良好，屋顶和正面两侧墙壁下部设通风孔，房的两侧墙壁上部设通风扇。室内设饲槽和喂奶间，运动场以土地面为宜，中部建筑运动台或假山。

2. 按羊舍的建设形式分类

（1）双坡或长方形羊舍。这是我国养羊业较为常见的一种羊舍形式，可根据不同的饲养方式、饲养品种及类别，设计内部结构、布局和运动场。羊舍前檐高度一般为 2.5m，后墙高度 1.8m，舍顶设通风口，门以羊能够通过不致拥挤为宜，怀孕母羊和产羔母羊经过的舍门一定要宽，一般为 2～2.5m，外开门或推拉门，其他羊的门可窄些。羊舍的窗户面积为占地面积的 1/15，并要向阳。羊舍的地面要高出舍外地面 20～30cm，羊舍最好用三合土夯实或用沙性土做地面。

（2）半坡式或后坡式前坡短塑料薄膜大棚式羊舍。适合于饲羊绒山羊，塑料大棚式羊舍后斜面为永久性棚舍，夏季使用防雨遮阳，冬季可以防寒保暖。夏季去掉薄膜成为敞篷式羊舍。设计一般为中梁高 2.5m，后墙内净高 1.8m，前墙高 1.2m，两侧前沿墙（山墙的敞露部分）上部垒成斜坡，坡度也就是大棚的角度以 41°～64.5° 为宜。在羊舍一侧的墙上开一个高 1.8m、宽 1.2m 的门，供饲养员出入，前墙留有供羊群出入的门。

（三）羊舍与运动场的建设标准

1. 羊舍建设面积

种公羊绵羊 1.5 ～ 2.0m²/ 只，山羊 2.0 ～ 3.0m²/ 只，怀孕或哺乳母羊 2.0 ～ 2.5m²/ 只，育肥羊或淘汰羊 0.8 ～ 1.0m²/ 只。

2. 运动场

羊舍紧靠出入口应设有运动场，运动场也应是地势高燥，排水也要良好。运动场的面积可视羊只的数量而定，但一定要大于羊舍，能够保证羊只的充分活动为原则。运动场建设面积：种公羊绵羊一般平均为 5 ～ 10m²/ 只，山羊 10 ～ 15m²/ 只，种母羊绵羊平均 3m²/ 只，山羊 5m²/ 只，产绒羊 2.5m²/ 只，育肥羊或淘汰羊 2m²/ 只。运动场周围要用墙或围栏围起来，周围栽上树，夏季要有遮阳、避雨的地方。运动场墙高：绵羊 1.3m；山羊 1.6m。

3. 饲槽

可以用水泥砌成上宽下窄的槽，上宽约 30cm，深约 25cm。水泥槽便于饮水，但冬季容易结冰，而且不容易清洗和消毒。用木板做成的饲槽可以移动，克服了水泥槽的缺点，长度可视羊只的多少而定，以搬动、清洗和消毒方便为原则。

二、牛舍建设

（一）牛舍建设要求

牛舍建设要根据当地的气温变化和牛场生产、用途等因素来确定。建牛舍因陋就简，就地取材，经济实用，还要符合兽医卫生要求，做到科学合理。有条件的，可建设质量好的、经久耐用的牛舍。牛舍以坐北朝南或朝东南好。牛舍要有一定数量和大小的窗户，以保证太阳光线充足和空气流通。房顶有一定厚度，隔热保温性能好。舍内各种设施的安置应科学合理，以利于牛生长。

（二）牛舍的基本结构

1. 地基与墙体

基深 80 ~ 100cm，砖墙厚 24cm，双坡式牛舍脊高 4.0 ~ 50m，前后檐高 30 ~ 3.5m。牛舍内墙的下部设墙围，防止水气渗入墙体，提高墙的坚固性、保温性。

2. 门窗

门高 2.1 ~ 2.2m，宽 2 ~ 2.5m。门一般设成双开门，也可设上下翻卷门。封闭式的窗应大一些，高 1.5m，宽 1.5m，窗台高距地面 1.2m 为宜。

3. 运动场

为加强奶牛运动，促进奶牛健康与高产，应配置足够面积的运动场：成年乳牛 25 ~ 30m²/ 头；青年牛 20 ~ 25m²/ 头；育成牛 15 ~ 20m²/ 头；犊牛 10m²/ 头。运动场按 50 ~ 100 头的规模用围栏分成小的区域。

4. 屋顶

最常用的是双坡式屋顶。这种形式的屋顶可适用于较大跨度的牛舍，可用于各种规模的各类牛群。这种屋顶既经济，保温性又好，而且容易施工修建。

5. 牛床和饲槽

牛场多为群饲通槽喂养。牛床一般要求是长 1.6 ~ 1.8m，宽 1.0 ~ 1.2m。牛床坡度为 1.5%，牛槽端位置高。饲槽设在牛床前面，以固定式水泥槽最适用，其上宽 0.6 ~ 0.8m，底宽 0.35 ~ 0.40m，呈弧形，槽内缘高 0.35m（靠牛床一侧），外缘高 0.6 ~ 0.8m（靠走道一侧）。为操作简便，节约劳力，应建高通道，低槽位的道槽一式为好。即槽外缘和通道在一个水平面上。

6. 通道和粪尿沟

对头式饲养的双列牛舍，中间通道宽 1.4 ~ 1.8m。通道宽度应以送料车能通过为原则。若建道槽合一式，道宽 3m 为宜（含料槽宽）。粪尿沟宽应以常规铁锨正常推行宽度为宜，宽 0.25 ~ 0.3m，深 0.15 ~ 0.3m，倾斜度 1 :（50 ~ 100）。

（三）牛舍类型

1. 牛舍按开放程度分类

（1）全开放式牛舍。结构简单、施工方便、造价低廉，适合我国中部和北方等气候干燥的地区。但因外围护结构开放，不利于人工气候调控，在炎热南方和寒冷北方不适合。

（2）半开放式牛舍。适用区域广泛。三面有墙，向阳一面敞开，有顶棚，在敞开一侧设有围栏。南面的开敞部分在夏季、冬季可以遮拦，形成封闭状态。

（3）全封闭式牛舍。主要采用人工光照、通风、气候调控，造价较高，适合南方炎热和北方寒冷区域。

2. 牛舍按屋顶结构分类

牛舍按屋顶结构可分为：钟楼式、半钟楼式、双坡式和单坡式等。

钟楼式牛舍通风良好，能较好地解决夏季闷热的问题，缺点是构造复杂、耗料增加、造价较高，窗扇的启闭和擦洗不太方便。半钟楼式牛舍构造简单，但开窗通风效果不如钟楼式牛舍理想，夏季牛舍一侧较热。单坡式一般跨度小，结构简单，造价低，光照和通风好，适合小规模牛场。双坡式一般跨度大，双列牛舍和多列牛舍常用该形式，其保温效果好，但投资较多。

3. 按奶牛在舍内的排列方式分类

按奶牛在舍内的排列方式分为：单列式、双列式、三列式或四列式等。

（1）单列式牛舍。单列式牛舍只有一排牛床，前为饲料道，后为清粪道。适用于饲养25头奶牛以下的小型牛舍。缺点是每头牛的占地面积大；优点是牛舍的跨度较小，易于建造、通风良好。

（2）双列式牛舍。两排牛床并列布置，稍具规模的奶牛场大都是双列式牛舍。按照两列牛体相对位置又可分为对头式牛舍和对尾式牛舍。

（3）三列式或四列式牛舍。牛床平行按三列或四列排列。也有对头或对尾布置。这种布置适用于大型牛舍。牛只集约性大，便于机械化供饲、清粪和通风。其缺点是牛舍建筑跨度大、造价高。

三、猪舍建设

（一）猪舍建设要求

由于北方冬季寒冷，气温偏低，猪舍建造的好与坏（尤其是保温）会直接影响到养猪的经济效益。建造猪舍时，要注意以下几点。

1. 忌选择场址不当

有的地方建猪舍，出于方便参观学习的想法，将猪场紧靠公路建造。这主要有两点不利，一是因公路白天黑夜人流、车流、物流太频繁，猪场易发生传染病；二是噪声太大，猪整天不得安宁，对猪生长不利。猪场场址的选择，宜离公路 100m 以外，应远离村庄和畜产品加工厂、来往行人要少、要在住房的下风方向，地势高燥、避风向阳、土质渗水性强、未被病原微生物污染且水源清洁，取水方便的地方。

2. 忌猪舍配置不佳

安排猪舍时要考虑猪群生产需要。公猪舍应建在猪场的上风区，既与母猪舍相邻，又要保持一定的距离。哺乳母猪舍、妊娠母猪舍、育成猪舍、后备猪舍要建在距离猪场大门口稍近一些的地方，以便于运输。

3. 忌猪舍密度过大

有些养猪户为了节省土地、减少投入，猪舍简陋、密集、不能科学合理地进行设计和布局，致使猪的饲养密度较大，易造成环境污染及猪群间相互感染。猪舍之间的距离至少 8m 以上，中间可种植果树、林木夏季遮阳。

4. 忌建筑模式单一

母猪舍、公猪舍、肥猪舍模式都有各自的具体要求，不能都建一个样。比如，母猪舍需设护仔间，而其他猪舍就不需要。公猪舍墙壁需坚固些，围墙需高些等。所以，养什么猪，就要建什么猪舍才行。

5. 忌建猪舍无窗户（或窗户太小）

有的猪场猪舍一扇窗户也没有，有的虽有窗户，但窗户太小、太少，夏天不利舍内通风降温。一般情况下，能养 10 头育肥猪的猪舍，后墙需留 60～70cm 的窗户 4 个、两侧山墙留 50～70cm 窗户 2 个。

6. 忌粪便污水乱排

猪舍外无粪池，一是收集粪尿难，肥料易流失，肥力会降低；二是会影响猪舍清洁卫生。猪舍内污水沟应有足够的坡度，以利于污水顺利流出舍内；污水的流出顺序应遵循就近原则，不要让污水在场内绕圈。猪舍外必需建造沤粪池或沼气池；沤粪池（或沼气池）大小，可根据养猪的规模大小而定。

7. 忌缮瓦多缮草少

农村猪舍屋顶都是缮瓦多，缮草少。这样做一是瓦比草贵，加大了养猪成本；二是夏降温、冬防寒瓦不如草好。缮瓦夏热冬冷，缮草冬暖夏凉。

8. 忌饲槽规格不当

有的猪舍内的饲槽未按要求规格建造。如有的因饲槽太大，猪会进入槽内吃食，从而造成污染和浪费饲料，仔猪舍如果料槽过大，有的仔猪喜欢钻进料槽，易造成夹伤、夹死现象；育肥猪的饲槽过小，会使饲料外溢，造成浪费，猪头过大的猪采食后头会被卡在槽内导致脖、耳受伤。猪舍内的饲槽一般要依墙而建，槽底应呈"U"形，饲槽大小应根据猪的种类和猪的数量多少而定。

9. 忌猪舍内无水槽

缺少清洁饮水会影响猪的生长发育，所以在猪舍内必须设置水槽或者自动饮水器。

10. 忌猪舍小围墙矮

猪舍太小不利于空气流通，有害气体易导致猪患病，且夏季猪舍温度高不利于降温。猪舍的运动场围墙若太矮小，一是不利于采用塑棚养猪，即因围墙太矮，猪一抬头，就会碰坏塑料薄膜；二是猪轻易越墙外逃，给管理带来麻烦。一般猪舍后墙高宜为 1.8m 左右，围墙高宜在 1.3m 左右。

（二）猪舍的基本结构

一列完整的猪舍，主要由墙壁、屋顶、地面、门、窗、粪尿沟、隔栏等部分构成。

1. 墙壁

要求坚固、耐用，保温性好。比较理想的墙壁为砖砌墙，要求水泥勾缝，离地 0.8 ～ 1.0m 水泥抹面。

2. 屋顶

较理想的屋顶为水泥预制板平板式，并加 15 ～ 20cm 厚的土以利保温、防暑。

3. 地板

地板要求坚固、耐用，渗水良好。比较理想的地板是水泥勾缝平砖式。其次为夯实的三合土地板，三合土要混合均匀，湿度适中，切实夯实。

4. 粪尿沟

开放式猪舍要求设在前墙外面，全封闭、半封闭（冬天扣塑棚）猪舍可设在距南墙 40cm 处，并加盖漏缝地板。粪尿沟的宽度应根据舍内面积设计，至少有 30cm 宽。漏缝地板的缝隙宽度要求不得大于 1.5cm。

5. 门窗

开放式猪舍运动场前墙应设有门，高 0.8 ～ 1.0m，宽 0.6m，要求特别结实，尤其是种猪舍；半封闭猪舍则在与运动场的隔墙上开门，高 0.8m，宽 0.6m；全封闭猪舍仅在饲喂通道侧设门，门高 0.8 ～ 1.0m，宽 0.6m。通道的门高 1.8m，宽 1.0m。无论哪种猪舍都应设后窗。开放式、半封闭式猪舍的后窗长与高皆为 40cm，上框距墙顶 40cm；半封闭式中隔墙窗户及全封闭猪舍的前窗要尽量大，下框距地应为 1.1m；全封闭猪舍的后墙窗户可大可小，若条件允许，可装双层玻璃。

6. 猪栏

除通栏猪舍外，在一般密闭猪舍内均需建隔栏。隔栏材料基本上是两种，砖砌墙水泥抹面及钢栅栏。纵隔栏应为固定栅栏，横向隔栏可为活动栅栏，以便进行舍内面积的调节。

（三）猪舍类型

1. 按猪舍的屋顶形式分类

猪舍有单坡式、双坡式等。单坡式一般跨度小，结构简单，造价低，光照和通风好，适合小规模猪场。双坡式一般跨度大，双列猪舍和多列猪舍常用该形式，其保温效果好，但投资较多。

2. 按猪舍墙的结构和有无窗户分类

猪舍有开放式、半开放式和封闭式。开放式是三面有墙一面无墙，通风透光好，不保温，造价低。半开放式是三面有墙一面半截墙，保温稍优于开放式。封闭式是四面有墙，又可分为有窗和无窗两种。

3. 按猪舍猪栏的排列分类

猪舍有单列式、双列式和多列式。

（1）单列式。猪栏排成一列，猪舍内靠北墙有设与不设工作走廊之分。其通风采光良好，保温、防潮和空气清新，构造简单，一般猪场多采用此形式。

（2）双列式。在舍内将猪栏排成两列，中间设一工作通道，一般没有运动场。主要优点是管理方便，保温良好，便于实行机械化，猪舍建筑利用率高。缺点是采光差，易潮湿，没有单列式猪舍安静，建造比较复杂。一般常采用此种建筑饲养育肥猪。

（3）多列式。猪栏排列在三列以上，但以四列式较多。多列式猪舍猪栏集中，运输线短，养殖功效高，散热面积小，冬季保温好，但结构复杂，采光不足，阴暗潮湿容易传染疾病，建筑材料要求高，投资多。此种猪舍适于大群饲养育肥猪。

4. 按猪舍的用途分类

（1）公猪舍。公猪舍一般为单列半开放式，舍内温度要求15～20℃，风速为0.2m/s，内设走廊，外有小运动场，以增加种公猪的运动量，一圈一头。

（2）空怀、妊娠母猪舍。空怀、妊娠母猪最常用的一种饲养方式是分组大栏群饲，一般每栏饲养空怀母猪4～5头、妊娠母猪2～4头。圈栏的结构有实体式、栅栏式、综合式三种，猪圈布置多为单走道双列式。猪圈面积一般为7～9m²，地面坡降不要大于1/45，地表不要太光滑，以防母猪跌倒。也有用单圈饲养，一圈一头。舍温要求15～20℃，风速为0.2m/s。

（3）分娩哺育舍。舍内设有分娩栏，布置多为两列或三列式。舍内温度要求 15 ~ 20℃，风速为 0.2m/s。分娩栏位结构也因条件而异。

地面分娩栏：采用单体栏，中间部分是母猪限位架，两侧是仔猪采食、饮水、取暖等活动的地方。母猪限位架的前方是前门，前门上设有食槽和饮水器，供母猪采食、饮水，限位架后部有后门，供母猪进入及清粪操作。可在栏位后部设漏缝地板，以排出栏内的粪便和污物。

网上分娩栏：主要由分娩栏、仔猪围栏、钢筋编织的漏缝地板网、保温箱、支腿等组成。

（4）仔猪保育舍。舍内温度要求 26 ~ 30℃，风速为 0.2m/s。可采用网上保育栏，1 ~ 2 窝一栏网上饲养，用自动落料食槽，自由采食。网上培育，减少了仔猪疾病的发生，有利于仔猪健康，提高了仔猪成活率。仔猪保育栏主要由钢筋编织的漏缝地板网、围栏、自动落料食槽、连接卡等组成。

（5）生长、育肥舍和后备母猪。这三种猪舍均采用大栏地面群养方式，自由采食，其结构形式基本相同，只是在外形尺寸上因饲养头数和猪体大小的不同而有所变化。

（四）北方塑料大棚猪舍构造

北方冬季气候寒冷，没有保温措施，自然气温下用敞圈养猪，猪长得很慢，饲料报酬很低，给养猪业造成很大的经济损失。塑料暖棚养猪解决了北方寒冷地区养猪生产的这一重大难题。塑料暖棚猪舍可以用原来的简易猪舍改造而成。总结各地经验，塑料暖棚猪舍建造要注意以下几点。

1. 建造尺寸

猪舍前高 1.7m，后高 1.5m，中高 2.5m，内宽 2m，跨高 3m。猪舍房架为人字架，其前坡短、后坡长，房梁总长为 3m，在房梁前的 0.7m 处竖立柱（即房子正中前），立柱上搭盖房梁，这样就形成都是 23°角的前坡短、后坡长的两面坡，这样冬季阳光可以直射到北墙上；而夏季太阳光入射角为 70°，阳光照不到猪床上，可达到冬暖夏凉。圈前留 1.2m 过道修围墙，围墙高 80cm，墙上每隔 1m 立 90cm 高的立柱，立柱上铺一根通长的横杆，为冬季扣塑料膜用，每圈冬季饲养 7 头肥猪。

2. 建筑要点

水泥地面打完压光后，再用旧竹扫帚拍一拍，形成麻面，这样猪在上面行走不打滑。猪舍的房顶要抹 3cm 厚的泥，然后再上瓦，这样冬季防风寒，夏季防日晒。猪舍的墙最好用空心砖，空心砖既防寒又保暖。

3. 冬季扣暖棚要领

一是扣暖棚时间应为 11 月初，拆除时间为 3 月下旬，可根据当地气温变化而定。二是扣暖棚时要用泥巴将塑料膜四周压严，并顺着前坡的木档将塑料膜固定住，以防大风刮破。三是暖棚的最高点，每个猪舍要留一个通风孔，以排出棚内有害气体，并降低棚内湿度。

第三节　养殖设备

设施养殖的机械化水平是制约设施养殖向大型化、集约化、自动化、高效化发展的重要因素。近年来，随着养猪、羊、牛机械与设备等的广泛应用，减轻了劳动强度，提高了劳动生产率，为实现传统养殖业向现代化养殖业的转变发挥了巨大的作用。

一、养猪机械与设备

集约化养猪是一个复杂的、系统的生产过程。养猪生产包括配种、妊娠、分娩、育幼、生长和育肥等环节。养猪机械设备就是在养猪的整个生产过程中，根据猪的不同种类、不同饲养方式及不同的生产环节而提供的相应机械设备，主要包括：猪舍猪栏、饲喂设备、饮水设备、饲料加工设备、猪粪清除和处理设备以及消毒防疫设备、猪舍的环境控制设备等。选择与猪场饲养规模和工艺相适应的先进的经济的机械与设备是提高生产水平和经济效益的重要措施。

（一）猪栏

1. 公猪栏、空怀母猪栏、配种栏

这几种猪栏一般都位于同一栋舍内，因此，面积一般都相等，栏高一般为 $1.2 \sim 1.4m$，面积 $7 \sim 9m^2$。

2. 妊娠栏

妊娠猪栏有两种：一种是单体栏；另一种是小群栏。单体栏由金属材料焊接而成，一般栏长 2m，栏宽 0.65m，栏高 1m。小群栏的结构可以是混凝土实体结构、栏栅式或综合式结构，不同的是妊娠栏栏高一般 $1 \sim 1.2m$，由于采用限制饲喂，因此，不设食槽而采用地面食喂。面积根据每栏饲养头数而定，一般为 $7 \sim 15m^2$。

3.分娩栏

分娩栏的尺寸与选用的母猪品种有关，长度一般为 2 ～ 2.2m，宽度为 1.7 ～ 2.0m；母猪限位栏的宽度一般为 0.6 ～ 0.65m，高 1.0m。仔猪活动围栏每侧的宽度一般为 0.6 ～ 0.7m，高 0.5m 左右，栏栅间距 5cm。

4.仔猪培育栏

一般采用金属编织网漏粪地板或金属编织镀塑漏粪地板，后者的饲养效果一般好于前者。大、中型猪场多采用高床网上培育栏，它是由金属编织网漏粪地板、围栏和自动食槽组成，漏粪地板通过支架设在粪沟上或实体水泥地面上，相邻两栏共用一个自动食槽，每栏设一个自动饮水器。这种保育栏能保持床面干燥清洁，减少仔猪的发病率，是一种较理想的保育猪栏。仔猪保育栏的栏高般为 0.6m，栏栅间距 5 ～ 8cm，面积因饲养头数不同而不同。小型猪场断奶仔猪也可采用地面饲养的方式，但寒冷季节应在仔猪卧息处铺干净软草或将卧息处设火炕。

5.育成、育肥栏

育成育肥栏有多种形式，其地板多为混凝土结实地面或水泥漏缝地板条，也有采用 1/3 漏缝地板条，2/3 混凝土结实地面。混凝土结实地面一般有 3% 的坡度。育成育肥栏的栏高一般为 1 ～ 1.2m，采用栏栅式结构时，栏栅间距 8 ～ 10cm。

（二）饲喂设备

1.间际添料饲槽

条件较差的一般猪场采用间际添料饲槽。间际添料饲槽分为固定饲槽、移动饲槽。一般为水泥浇注固定饲槽。饲槽一般为长形，每头猪所占饲槽的长度应根据猪的种类、年龄而定。较为规范的养猪场都不采用移动饲槽。集约化、工厂化猪场，限位饲养的妊娠母猪或泌乳母猪，其固定饲槽为金属制品，固定在限位栏上。

2.方形自动落料饲槽

一般条件的猪场不用这种饲槽，它常见于集约化、工厂化的猪场。方形落料饲槽有单开式和双开式两种。单开式的一面固定在与走廊的隔栏或隔墙上；双开式则安放在两栏的隔栏或隔墙上，自动落料饲槽一般为镀锌铁皮制成，并以钢筋加固，否则极易损坏。

3. 圆形自动落料饲槽

圆形自动落料饲槽用不锈钢制成，较为坚固耐用，底盘也可用铸铁或水泥浇注，适用于高密度、大群体生长育肥猪舍。

（三）饮水设备

猪喜欢喝清洁的水。特别是流动的水，因此采用自动饮水器是比较理想的。猪用自动饮水器的种类很多，有鸭嘴式、杯式、乳头式等。

1. 鸭嘴式饮水器

鸭嘴式饮水器是目前国内外机械化和工厂化猪场中使用最多的一种饮水器，它主要由阀体、阀芯、密封圈、回位弹簧、塞和过滤网组成。鸭嘴式饮水器的优点是：饮水器密封性好，不漏水，工作可靠，重量轻；猪饮水时鸭嘴体被含入口内，水能充分饮入，不浪费；水流出时压力下降，流速较低，符合猪饮水要求；卫生干净，可避免疫病传染。

2. 杯式饮水器

杯式饮水器常用的形式有弹簧阀门式和重力密封式两种。这种饮水器的主要优点是工作可靠、耐用，出水稳定，水量足，饮水不会溅洒，容易保持舍栏干燥。缺点是结构复杂，造价高，需定期清洗。

3. 乳头式饮水器

乳头式饮水器由钢球壳体阀杆组成。这种饮水器的优点是结构简单，对泥沙和杂质有较强的通过能力，缺点是密封性差，并要减压。水压过高，水流过急，猪饮水不适，水耗增加，易弄湿猪栏。

（四）猪舍清粪设备

1. 清粪车

清粪车有人力手推清粪车和机动清粪车两种。

2. 水冲清粪设备

养猪场漏缝地板猪舍采用水冲清粪的主要形式有水冲流送清粪，沉淀阀门式水冲清粪和自流式水冲清粪等。

3. 漏缝地板

漏缝地板有各种各样，使用的材料有水泥、木材、金属、玻璃钢、塑料、陶瓷等。它能使猪栏自净，使猪舍比较清洁干燥，有助于控制疾病和寄生虫的发生，改善卫生条件，省去褥草和节省清扫劳动。漏缝地板要求耐腐蚀、不变形、坚固耐用，易于清洗和保持干燥。

二、养羊机械与设备

（一）运动场及其围栏

运动场应选择在背风向阳的地方，一般是利用羊舍的间距，也可以在羊舍两侧分别设置，但以羊舍南面设运动场为好，四周应设置围栏式围墙，高度 1.4 ～ 1.6m。运动场要平坦，稍有坡度，便于排水。

（二）饲槽与草架

饲槽的种类很多，以水泥制成的饲槽最多。水泥饲槽一般做成通槽，上宽下窄，槽的后沿适当高于前沿。槽底为圆形，以便于清扫和洗刷。补草架可用木材、钢筋等制成为防止羊的前蹄攀登草架，制作草架的竖杆应高 1.5m 以上，竖杆与竖杆间的距离一般为 12 ～ 18cm。常见的补草架有简易补草架和木制活动补草架。

（三）水槽和饮水器

为使羊只随时喝到清洁的饮水，羊舍或运动场内要设有水槽。水槽可用砖和水泥制成，也可以采用金属和塑料容器充当。

（四）颈夹

在给奶山羊挤奶时需将羊只固定，常采用颈夹来固定羊只，以避免羊只随意跳动，影响其他羊只采食，颈夹一般设置在食槽上。

（五）挤奶机

挤奶机械设备基本与牛的挤奶机械设备相同，国内外应用机械挤奶的羊场也都是利用牛挤奶机械设备，经适当的改造和更新零件而应用的。机器挤奶是利用真空抽吸作用将羊奶吸出的，挤奶机的工作部件是两个奶杯，奶杯由两个圆筒构成，外部为金属或透明塑料圆筒，内为橡胶筒。

（六）剪羊毛机

用机器剪毛，操作比手工剪毛更简单，易于掌握，即使是不熟练的剪毛手来剪羊毛也不容易伤害羊只，并能完成剪毛任务。剪羊毛机一般为内藏电机式剪毛机，内藏电机式剪毛机由机体、剪割装置、传动机构、加压机构和电动机等 5 个部分组成。

（七）抓绒的工具

抓绒一般要准备两把钢梳，一把是密梳，它由直径 0.3cm 钢丝 12 ～ 14 根组成，梳齿间距为 0.5 ～ 1.0cm；另一把是稀疏，是由 7 ～ 8 根钢丝组成，梳齿间距为 2 ～ 2.5cm。梳齿的顶端要磨成钝圆形，以免抓伤羊皮肤。

三、养牛机械与设备

牛的舍养是将牛常年放在工厂化牛舍内饲养，多适用于奶牛，它的机械化要求较高，所使用的设备包括供料、饮水、喂饲、清粪及挤奶装置等。

（一）牛床及栓系设备

1. 牛床

目前广泛使用的牛床是金属结构的隔栏牛床。牛床的大小与牛的品种、体型有关，为了使牛能够舒适地卧息，要有合适的空间，但又不能过大，过大时，牛活动时容易使粪便落到牛床上。

2. 栓系设备

栓系设备用来限制牛在床内的一定活动范围，使其前蹄不能踏入饲槽，后蹄不能踩入粪沟，不能横卧在牛床上，但栓系设备也不能妨碍牛的正常站立、躺卧、饮水和采食饲料。

3. 保定架

保定架是牛场不可缺少的设备,用于打针、灌药、编耳号及治疗时使用,通常用圆钢材料制成,架的主体高 60cm,前颈枷支柱高 200cm,主柱部分埋入地下约 40cm,架长 150cm,宽 60～70cm。

(二)喂饲设备

牛的喂饲设备按饲养方式不同可分为固定式喂饲设备和移动式喂饲车。

1. 固定式喂饲设备

固定式喂饲设备一般用于舍养,包括贮料塔、输料设备、饲喂机和饲槽,这种设备的优点在于不需要宽的饲料通道,可减少牛舍的建筑费用。

2. 移动式喂饲车

国外广泛采用移动式喂饲车。它的饲料箱内装有两个大直径搅龙和一根带搅拌叶板的轴,共同组成箱内搅拌机构,由拖拉机动力输出轴驱动。

(三)饮水设备

养牛场牛舍内的饮水设备包括输送管路和自动饮水器。饮水系统的装配应满足昼夜时间内全部需水量。

(四)奶牛挤奶设备

挤奶是奶牛场中最繁重的劳动环节,采用机械挤奶可提高劳动效率两倍以上,劳动强度大大减轻,同时可得到清洁卫生的牛奶,但使用机器挤奶必须符合奶牛的生理要求,不能影响产奶量。

(五)牛舍清粪设备

1. 清粪车

清粪车有人力手推清粪车和机动清粪车两种。

2. 水冲清粪设备

大型养牛场一般采用水冲流送清粪。

第三章 畜牧业养殖实用技术分析

第一节　养猪实用技术

一、猪的优良品种

（一）进口品种

1. 长白猪

长白猪的原产地在丹麦。该品种的猪全身为白色毛，身体像楔形，头小，前半身轻，后半身重，鼻梁长，耳朵向前伸，胸部宽深合适，腰背很长，腹部线条平而直，背部线条略微呈弓形，后部躯体丰满，乳头 7～8 对。经产母猪平均产仔 11 头，胴体瘦肉率 64% 左右，背膘较单薄。既可用作杂交配套生产商品猪体系中的父系，也可以用作母系。

我国目前饲养的长白猪主要来自丹麦、英国、比利时。

2. 杜洛克

杜洛克的原产地在美国。该品种猪全身为棕红色或者红色毛，身体高大，结实而粗壮，头部比较小，面部微凹，耳中等大小，稍向前倾，耳尖稍弯曲，胸宽深，背腰略呈弓形，腹线平直，四肢发达。体躯的瘦肉率约为 65%，其母猪平均产仔约为 9 头，母性强，容易育成，产肉率高，成年体重较大。在杂交生产中主要用作父系或父本。

（二）传统品种

1. 金华猪

金华猪的原产地在我国浙江省金华市，分布范围主要有义乌、浦江、东阳、永康以及金华等市、县。金华猪具有性成熟早、繁殖力高、皮薄骨细、肉质好、适于腌制优质火腿等特点。

金华猪的体躯较小，耳朵下垂，中等大小，背部略微凹陷，腹部大而下垂，臀部略微倾斜。四肢细短，蹄坚实呈玉色。毛色以中间白、两头黑为特征，即头颈和臀尾部为黑皮黑毛，身体中间的毛为白色，因此又被称作"两头乌"或"义乌两头乌"。金华猪的类型分为 3 种，即寿字头、老鼠头和中间型。

2. 太湖猪

太湖猪的原产地在江苏以及浙江的太湖区域，其地方类型猪包括梅山、横径、枫泾、嘉兴黑以及二花脸。主要分布在长江下游，江苏、浙江和上海交界的太湖流域，故统称"太湖猪"。太湖猪是世界上繁殖能力最高、产仔数量最多的猪品种，该品种遗传基础广泛，内部类群结构丰富。肌肉中脂肪较多，肉质较好。

（三）新培育品种

1. 苏太猪

苏太猪由老太湖猪作为母本，加入 50% 杜洛克猪的外血，经过性能测定、继代选育、横交固定、综合指数选择等技术措施，由苏州市太湖猪育种中心经过 12 年 8 个月的精心培育而成的国家级猪新品种。该猪生长速度快、耐粗饲性能好、适应能力强、肉质鲜美、瘦肉率高、产仔多。苏太猪母性好，经产母猪平均产仔 14.45 头，达 90kg 日龄为 178.9 天，仅耗料 3.18kg 便可增重 1kg，体躯瘦肉率可达 55.98%，和长白猪进行杂交育种后，其后代 164 日龄达 90kg，瘦肉率 60% 以上，是目前生产三元瘦肉型商品猪理想的母本之一。

2. 三江白猪

三江白猪的产地位于我国东北三江平原，作为我国第一个瘦肉型猪品种，三江白猪由长白猪和东北民猪杂交培育而成，具有生长快、省料、抗寒、胴体瘦肉多、肉质良好等特点。

3. 湖北白猪

湖北白猪的原产地位于我国湖北省武汉市以及华中地区。该品种是由长白猪、大白猪以及本地通成猪、监利猪和荣昌猪杂交培育而成的瘦肉型猪品种。主要特点：胴体瘦肉率高、肉质好、繁殖能力高、生长速度快，抗长江中下游地区的夏季高温以及冬季湿冷气候。

二、猪场的科学设计

（一）场址的选择

1. 地形地势

猪场应该选择地势平坦、位置较高、背风向阳、排水性能好、干燥的地方。要求有足够的面积，场地四周开阔、形状整齐，建场时应考虑猪场以后的发展。

在山区建设猪场时，应该选择平坦坡地的向阳处。这种地方阳光充足，排水性能好，可以避免冬季寒风侵袭。切忌在山顶、坡底、谷地和风口等处建场，山坡的坡度以 1% ～ 3% 为佳，最大坡度不能超过 5%，大坡度不方便饲养管理以及猪产品的运输。

平原地区建场，应选择地势稍高的地方。场地中部稍高，四周较平缓或向东南稍倾斜，以便获得充分的阳光，并且方便排水。地下水位一般要求比地表低约 2m，最少要比建筑物的根基低 0.5m 以上。在靠近江河地区，场地应比涨水时的最高水位高 1 ～ 2m，以免涨水时将猪场淹没。

潮湿而低洼的地方，尤其是沼泽地，周围的环境湿度较大，影响猪舍建立小气候，同时成为各种病原微生物和寄生虫的良好繁殖场所，容易使猪群患病，不宜建场。

2. 土质

不同的土质不仅影响建筑工程质量，同时会影响猪群健康、猪产品的交通运输以及猪饲料生产。在很多地方土质一般都不是猪场建筑要考虑的主要内容，因为其性质和特点在一定的区域内相对稳定，在施工与管理的过程中方便针对其缺陷进行弥补，然而，如果缺乏长远的考虑，忽视了土壤潜在的危险因素也可能导致严重的问题，比如场地土壤的膨胀性、抗压能力很大程度地影响了猪场建筑物的利用年限，同时土壤中存在一些恶性的传染病原，严重危害猪群健康。因此，在选择场址时，对土壤的情况作一定的调查也是很必要的，如果其他条件没有太大差异，则最好选择沙壤土而不是黏土，因为污水或者雨水能够轻易地渗入沙壤土，场区地面可以经常保持干燥。

优良的猪场场地，其土质应满足以下条件。

（1）土壤结构一致，压缩性小，有利于承受建筑物的重量。

（2）土壤的导热性能小，通透性能好，可维持场地的温度以及干燥条件，避免下雨天雨水淤积和道路泥泞难行。

（3）土壤没有受到传染病以及寄生虫的病原体侵袭。

（4）土质肥沃，且不能缺乏或过多含有对猪群有影响的矿物质，以利于饲料生产和猪群健康。

在选择土壤类型时，以沙质土壤为佳。该土壤抱团颗粒大，导热性能小，透水能力强。黏土、黄土团粒小、黏着力强、透水性差，且富含碳酸盐，雨天容易积水，冬季因含水量大，容易冻结，等春天回温后，容易造成地基变形，严重影响了猪场建筑物的质量，甚至使猪舍倒塌；另外，地下供水和供热管道易受腐蚀，影响猪场水暖供给。

3. 水源

提供给猪场的水源主要有地下水以及地面水两种，无论是哪一种水源，都要求水量充足以及水质符合卫生要求。在水污染比较严重的今天，地面水的水质必须加以考虑，如果依靠自来水公司提供地面水的引用，将会提高养猪的成本，降低收益，但猪场自己解决饮用水的问题，则应考虑水源净化消毒和水质监测等方面的投资。另一方面，如果考虑掘井开采地下水资源，就需要根据水源需求量挖掘水井，水井的数量取决于猪的需求量，因此就要对所需要的投资做出估算，以可能付出的投资和维持费用大小来作为选择何种水源的依据。如果采用冲洗用水与饮用水分别进行的方法，冲洗用水考虑的主要是用水量的问题，只需要简单的水质监测和一般净化消毒处理即可大量使用地面水资源，节约用水的成本。

猪场的水源要求水量充足、水质优良，以便于猪群的饮用、洗涤，饲料的种植、绿化、防火以及猪场工作人员的生活。水源不仅要考虑当前的用量，还应考虑将来发展的需要。

水源的水质主要是地下水，最好是矿泉水，其次是江河水，最差的是池塘以及湖潭中的死水。在进行水源调查时，除注意水量外，地下水还应注意某些矿物质（如铁、铜、镁、碘等）的含量缺乏或者过多。采用江、河、湖水的时候需要看上游水或者周围有没有传染病或者寄生虫的病原和工业废水污染水源等。

4.位置

猪场应建在交通便利的地方，但要远离屠宰场、牲畜市场、畜产品加工厂以及交通要道。以上地方牲畜和人员流动性大，容易传染疾病，大型猪场应离交通干线 500m、交通要道 200m 开外，距离居民区超过 1500m；远离牛、羊场超过 2000m；牲畜市场、畜产品加工厂以及屠宰场的上游、上风方向。中、小型猪场的上述距离可以小一些，但离交通干线不可以近于 100m，距离牛、羊场不可近于 150m，距离牲畜市场、畜产品加工厂以及屠宰场不小于 2000m。专业养猪户的猪舍，距离住宅也应在 20m 以上。

（二）场区规划

在猪场的规划过程中，需要根据当地的自然条件、社会条件以及自身经济条件进行科学、规范、经济的设计。猪场场地主要包括生活区、生产辅助区、生产区、隔离区、场内道路以及排水、场区的绿化。场区应根据当地的风向以及猪场的地势进行有序安排，以便于防治疫病和安全生产。

1.生活区

猪场的生活区有职工宿舍、食堂以及文化娱乐室。该区应建在地势高、上风向或者偏风向的猪场大门外面，同时其位置应便于与外界联系。

2.生产辅助区

猪场的生产辅助区有行政和技术办公室、接待室、办公室、饲料储存库、饲料加工调配车间、水电供应设施、车库、杂品库、消毒池、更衣消毒室和洗澡间等。该区与日常饲养工作关系十分密切，不可以距离生产区太远。

3.生产区

猪场的生产区指的是各种猪舍以及猪的生产设备属于猪场最主要的区域，应该严格控制外来车辆和人员进入。生产区内应将种猪、仔猪置于上风向和地势高处，分娩舍既要靠近妊娠舍，又应该在仔猪培育舍附近，育肥舍应建在下风向靠近围墙或者猪场门的位置。围墙外需要设置装猪台，售猪时经装猪台装车，避免装猪车辆进场。

4.隔离区

猪场的隔离区主要是指隔离猪舍和兽医室、尸体处理以及剖检设施、粪便污水处理和贮存设备等。该区应尽量远离生产猪舍，设在整个猪场的下风或偏风方向、地势低处，以避免疫病的传播和环境的污染，这一区域应以环境保护和卫生防疫为重点。

（三）猪场设计与建设

1.地基与基础

（1）地基。地基指的是承受建筑物的土壤层，分为天然地基（直接使用原来的土层）和人工地基（上层在施工前经过人工夯实处理）两种。作为天然地基应压缩性小而均匀，一定程度上能承受压力；地基要求结构一致、抗冲刷能力强、没有侵蚀性的地下水、有一定的厚度、地下水位离地面不少于2m。

猪舍和附属建筑物不算高层，因此对地基的压力不是很大，除了细沙、泥炭和淤泥，一般的土层都可以作为猪场的天然地基。对不能作天然地基的土层，应根据实际情况进行人工加固，以防建筑物的不规则下沉，既影响建筑的安全，又影响其使用寿命。

（2）基础。基础的作用是承受猪舍自身的重量、屋顶积雪的重量以及墙壁、屋顶承受的风力，埋置基础的深度根据猪舍的总荷载力、地下水位及气候条件等确定。为防止地下水经过毛细管作用浸透墙壁，基础墙的顶部应建立防潮层。

（3）墙脚。墙脚是墙壁与基础之间的过渡部分，一般高于室外地坪30～40cm，同时比护坡顶点高15cm以上，也要比室内地面高出约12厘米。为了防止地下水从基础的缝隙蔓延上升，使墙壁受潮，或屋檐降水的侵蚀，在墙脚与墙壁交界处应设置防潮层并以水泥砂浆涂抹其上。常见的使用材料包括砖、片石以及混凝土。

（4）护坡（又称散水或排水台）。护坡是设在外墙四周的缓斜坡结构，底层用素土夯实，上面用碎石、卵石、砖、碎砖或者三合土铺成，之后用水泥做的泥浆抹不少于10cm厚的面，宽度般为60cm，坡降为1∶4。其作用是用来防止地表水侵蚀基础和墙脚。

2. 墙壁

猪舍的墙壁可以维持舍内的温湿度，因此要求耐水、坚固、耐久、耐酸以及防火，同时方便清扫、消毒，同时应有良好的保温与隔热性能。猪舍主墙壁厚在 25 ～ 30cm，隔墙厚度 15cm。

3. 门、窗

猪舍的门必须具备结实、坚固、容易出入的优点。门的宽度为 1 ～ 1.5m，高度约为 24m。窗户主要用于采光和通风换气，同时还有围护作用。窗户的大小利用有效采光面积和舍内地面的面积之比进行计算，一般情况下，种猪舍为 1 ∶（10 ～ 15），肥猪舍为 1 ∶（12 ～ 15）。

4. 猪舍地面

地面既是猪生活的场所，又是猪频繁接触的地方，好的地面环境既能改善猪舍的卫生条件，也能增加猪舍的使用价值。

猪舍的地面应该满足以下条件：保温性能好、有弹性、不硬也不滑；有适当的坡度，以保证污水能顺利排出；坚固、平坦、无缝隙，能防止土层被污水污染；易于清扫和消毒，能够防潮，并且抵抗各种消毒药物的腐蚀。

在生产实践中，任何一种地面都很难同时符合上述要求，应根据当地气候条件、经济条件以及饲养管理的特点，因地制宜地进行设计以及使用建筑材料。以下是现有的几种地面。

（1）土质地面。包括夯实黏土地面、夯实碎石黏土地面及三合土（黄土、煤渣、石灰三合一）地面。这种地面的优点是成本低、建造简单方便、保温性能好、不硬不滑、有一定弹性；缺点是不坚固、易吸潮、不便于清扫消毒、易被粪便污染，在潮湿和地下水位高的地方不宜采用。

（2）砖砌地面。如果施工技术比较好，砖砌地面可以变得坚固而不滑、平整不漏水、方便清洁和消毒、保温性能好；如果施工不好，砌砖缝隙容易漏水，导致地面受潮和受到污染。

（3）石板地面。坚固耐久，易于清扫和消毒，但太硬、很滑，且不保温。施工不当时，石缝间也容易透水，导致地面被污染和受潮，寒冷的地区不适合使用这种地面。

（4）混凝土地面。坚固耐用，耐酸碱、排水良好、建造容易、造价不高，在施工较好的条件下，可让这种地面粗糙而不透水，因此受到广泛应用。

不过混凝土地面弹性不大、不防潮、导热性强。

（5）木质地板。导热性小，平整，硬度小而有弹性，易于清扫消毒，有益于猪群健康。不过不耐腐蚀，受潮后比较滑，而且成本很高。除了我国一些木材产量高的山区使用这种地板，其余地区使用不广泛。

（6）沥青地面。用粗沙、煤渣、沥青按照一定的比例加热拌匀后铺在地面上，用热烙铁压平后就成了沥青地面。这种地面除具有木质地面的优点外，还具有坚固耐用和防潮、防腐的功能，是寒冷潮湿的地方比较理想的一种地面。不过这种地面成本高，施工措施复杂，如果施工不当，在夏季酷热地区，有可能熔化变形，因此目前使用不广泛。

5.屋顶

屋顶可以维持温度和遮风挡雨，具有保温、防水、耐久、承重、密闭以及结构轻便的性能。为了增加舍内的保温隔热效果，可增设天棚。

三、仔猪的饲养管理

（一）综合生理特性

刚刚出生的仔猪体重大约为 1kg，差不多是成年猪体重的 1%，10 日龄的仔猪其体重大约是初生体重的 2.1 倍，30 日龄时可达初生体重的 5～6 倍，2 月龄时是初生体重的 10～15 倍。因此可推算，仔猪在出生很短的时间内，就可以迅速地生长发育。

仔猪生长发育快主要是因为其本身旺盛的营养物质代谢能力，尤其是钙、磷和蛋白质的代谢能力比成年猪还要强，如 20 日龄的仔猪蛋白质的沉积是成年猪的 30～35 倍，代谢能力是成年猪的 3 倍。正因为仔猪出生后营养代谢能力强，其对营养物质的要求也非常高，如果营养不全，仔猪反应也特别敏感。饲喂的蛋白质适量，饲喂哺乳仔猪 1kg 混合饲料能增加 1kg 体重。因此供给仔猪全价日粮非常重要。仔猪平均每千克体重需要比成年猪高 3 倍的代谢净能，猪体内含有的水分、蛋白质和矿物质随年龄的增长而降低，而沉积脂肪的能力则随年龄的增长而增高。形成 1kg 蛋白质需要 23.63 兆焦能量，形成 1kg 脂肪差不多需要 39.33 兆焦能量，因此，形成蛋白质所需要的能量比形成脂肪所需能量约少 40%。所以，小猪比大猪长得快，能更加有效地利用饲料。

（二）体温调节

越小的仔猪，其体温调节的能力越差。一般仔猪的体温约为 39℃，刚出生时可适应 30～32℃的环境温度，当环境温度偏低时仔猪体温开始下降，可下降到 1～7℃。初生仔猪其体温下降的幅度及恢复时需要的时间因环境温度变化而变化，环境温度低时，体温下降的幅度越大，恢复到正常体温所用的时间越长。当环境温度低到定范围时仔猪会冻僵、昏迷，甚至被冻死。刚刚出生的仔猪皮薄、毛少、皮下脂肪少，因此无法抗寒。一般情况下，仔猪出生体重大，耐寒性就强；出生体重小，御寒能力就差。在早春或冬季出生的仔猪，做好防寒保温工作可以提高其成活率。

（三）饲养管理

仔猪的旺食阶段一般指的是断奶 10 天以后，消化机能恢复的时候，一般保持每栏仔猪量在 15 头以下。这时的仔猪在饲喂方面可以喂干粉料或颗粒料，让仔猪自由采食，不必限制采食量。

仔猪饲料箱中要保持充足的采食位，一般一个采食位配 4 头仔猪。饲料的质量要好，主要饲喂高能量、高蛋白质的饲料，饲料原料的质量要非常好，要新鲜，无发霉变质，饲料的使用率高。在这一阶段，不应该一味地追求饲料的经济节约，不可吝啬饲料成本，不能饲喂青粗饲料。千万不要用吊架子的方法饲养断奶仔猪。饲料要少添勤给，保持饲料箱内的饲料是新鲜的，保障仔猪的饮水干净而充足。

有时仔猪栏内会出现个别弱小仔猪（被毛粗乱、体小瘦弱）。这些仔猪往往有病，如果放任不管，就会导致其变成僵猪，甚至死亡。这些患病仔猪也是疾病传染源的一种，最好能够及时地将病弱仔猪剔除，集中在一栏，单独饲喂，加强营养，饲料中可以添加药物，促进病弱仔猪的恢复和生长。

有时候可以看见仔猪出现咬尾的现象。出现咬尾的原因很多，缺乏矿物质和微量元素、饲料营养的不平衡、环境的应激因素等都可能造成仔猪咬尾。如果出现普遍咬尾现象，需要认真地判断分析其中的原因。如果咬尾现象出现在个别猪栏中，可以拿走具有攻击性的仔猪，将被咬伤的仔猪尾部涂上消毒药，以防感染。也可以在仔猪出生后施行断尾，防止仔猪咬尾。

四、成猪的饲养管理

1. 饲料调制

猪场的饲料消耗的大部分都在肥育猪身上，因此，合理地调制饲料可以提高饲料利用效率，有助于节省饲料。饲料的原料，如谷物、饼粕类必须事先进行粉碎。粉碎过细或过粗都会对猪的生长有一定影响。如果粉碎过细，容易造成猪不愿采食，同时使猪的消化道产生溃疡；粉碎过粗，猪不能很好消化，部分粗颗粒穿肠而过，浪费饲料，造成营养失衡。生长肥育猪最好的饲料粉碎粒度为 700 ～ 800μm。麦麸和次粉一般会大于这个标准，但不需要粉碎，直接混合。混合均匀的饲料可以直接饲喂，即饲喂干粉料。

一般情况下，猪场常常用干粉料使用自由采食的方法饲喂猪。干粉料喂猪的优点是成本低，省力，缺点是易起粉尘，猪有时可能挑食（当饲料中配有大量粗饲料，或有很细的料面时）。家庭养猪或者小规模的猪场也可以采用湿拌料喂猪的方法，湿拌料的料水比例最好是 1 :（1 ～ 3），不要过稀。可以在喂猪之前用水浸湿几个小时，再分顿喂猪。如果饲喂合适，这种喂猪方法，其饲料利用率高于干粉料的饲喂。

大型饲料厂生产的颗粒饲料，饲喂简单，不起粉尘，猪不能挑食，饲料利用率一般也略高于干粉料，不过制粒的技术使饲料的成本增加。以前会使用发酵饲料的方法喂猪，没有控制的发酵损失部分营养，现在一般不用。至于饲料生喂还是熟喂的问题，一般情况下应当生喂，除了有些饲料（泔水、马铃薯、大豆等），其他没有必要煮熟。

2. 充足饮水

水作为最重要的营养组成部分，一旦缺乏，就会影响猪的消化、吸收、排泄以及体温调节等一系列的代谢活动。因此，一定要保证水的供应。猪饲喂干饲料和环境温度较高时，猪需水较多。

一般情况下，猪对水的需求量是对干料需求量的4倍，夏季可达到5倍。饮水设备包括饮水器和水槽。如用水槽给水，应保证水量充足、保持水干净。在夏天饮水槽易被猪当作澡盆用来降温，容易将水弄脏。饮水器相对比来说更好一些，可以保证随时供应给猪洁净的水。不过要注意饮水器的流量，饮水器的流量应在每分钟 800ml 以上，否则影响猪的生长。

3. 饲养技术

　　瘦肉型的猪种有较高的瘦肉率，但是采食量比较低，一般不需要对其饲料进行限制。不过对瘦肉率较低的猪种，为了防止猪后期变肥，获得较瘦的胴体，有必要合理限饲。限饲的时机应选择猪的体重在 60kg 以后，比例控制在 20% 以内，如果限制饲料太多，就会影响饲料报酬。限制饲喂一般用湿拌料，分顿饲喂。注意每头猪同时有足够的采食空间，防止个别强者抢食过多，弱猪采食不足，导致猪长势不同。

4. 自由采食

　　自由采食饲喂技术指的是将饲料放进饲料槽或者饲料箱中供猪随时采食。这种方法减轻了工作，节省了人力。肥猪腹部下垂，屠宰率高。所有的猪都能吃饱，肥猪大小均匀。自由采食方法多用于瘦肉型品种猪的饲养。

　　如果饲料的营养浓度较低，或者饲料的适口性较差，或者由于环境不好，猪的采食量较低，应该让猪自由采食。自由采食有时候会产生一定程度的饲料浪费现象，因此要注意不能让猪将饲料拱出饲料箱外。如果采用湿拌料，每天喂 3 顿，虽然不能做到自由采食，但可以让猪得到充分的采食。每顿供给猪约 15 分钟吃干净的饲料量，这样猪既能吃饱又不会剩料，不会造成饲料的浪费。

第二节 养羊实用技术

一、羊的优良品种

（一）无角陶赛特

无角陶赛特的原产地在大洋洲的新西兰以及澳大利亚。1984年，我国引进了该品种。无角陶赛特羊体质结实，头短而宽，光脸，羊毛覆盖至两眼连线，耳中等大，公、母羊均无角，脖颈和四肢粗短，胸部宽而深，腰背平而直，整个身躯像圆桶样，后躯十分丰满，面部和四肢及被毛为白色。该羊生长发育快，早熟，全年发情配种产羔。该品种成年公羊体重90～110kg，成年母羊的体重约为75kg，可剪毛2～3kg，毛长度7.5～10cm，毛细度约为57支，净毛率60%左右。经过肥育的4月龄羔羊的胴体重，公羔为22kg，母羔为19.7kg。

（二）南江黄羊

南江黄羊的原产地在我国四川省南江县。该品种羊体格高大，生长速度快，繁殖能力强，可四季发情，泌乳力好，抗病力强，采食性好，耐粗放，适应力强，皮板品质好。成年公羊的体重为57.3～58.5kg，母羊的体重为38.25～45.1kg。10月龄南江黄羊的体重约为27.53kg，是屠宰的最佳时间。性成熟早，3月龄有初情。公羊12～18月龄配种，母羊6～8月龄可进行配种。大群的平均产羔率是194.62%，其中经产母羊可达205.2%。

（三）槐山羊

槐山羊的主产地在河南周口市。该品种羊体型中等，包括有角和无角两种类型。公羊和母羊均有髯，身体结构匀称，呈圆筒形。毛色以白色为主，占90%左右，黑、青、花色一共约占10%。有角类型的槐山羊的特征是腿短、颈短以及腰身短；无角类型的槐山羊的特征是颈长、腿长、腰身长。成年公羊体重 35kg，母羊 26kg。羔羊生长发育快，9 月龄时体重占到成年时体重的 90%。7～10 月龄的羯羊屠宰前的平均活重约为 21.93kg，胴体重 10.92kg，净肉重 8.89kg，屠宰率 49.8%，净肉率 40.5%。槐山羊可以发展成为山羊肥羔生产品种。槐山羊的皮类似蛤蟆状，晚秋初冬时皮的质量最好，为"中毛白"。板皮肉面为浅黄色和棕黄色，油润光亮，有黑豆花纹，俗称"蜡黄板"或"豆茬板"。板质细密，毛孔均匀细小，分层很薄，但是不会破碎，折叠时没有白痕，具有较强的拉力却很柔软，韧性大而弹力高，是制作"绵羊革"和"苯胺革"的上等原料。槐山羊繁殖性能强，性成熟比较早，母羊 3 个多月便可成熟，6 月龄时就可以配种，全年都是发情期，一年产两次或者两年产三次，每胎多羔，产羔率平均 249%。

（四）板角山羊

板角山羊是一种优良的兼用型品种，原产地在重庆山区，主要分布在重庆市的巫溪、城口、武隆及周边地区，因具有一对大而扁长的角而得名。板角山羊的头中等大、鼻梁平直、额头稍微突起、体躯类似圆筒、体格高大、体质结实、四肢粗壮。成年板角山羊的体重平均是 40.6kg，母羊为 30.5kg。产肉性能良好，成年阉羊屠宰率达 55.6%。板皮致密、结实、很有弹性，可作为皮革制品的优质原料。产羔率达 183%，两月断奶的成活率是 87.9%。

（五）湖羊

湖羊是我国一级保护地方畜禽品种，属于太湖平原重要的家畜之一。该品种具有稀有的白色羔皮、早熟、四季发情多胎多羔、繁殖力强、泌乳性能好、生长发育快、有理想产肉性能、肉质好、耐高温高湿等特点，分布于我国太湖地区，终年舍饲，是我国羔皮用绵羊品种。产后 1～2 天宰杀剥出的小湖羊皮的花纹美观大方，闻名于世。

（六）萨福克羊

萨福克羊的原产地在英国的东部以及南部丘陵地区，1978 年被引进我国。萨福克羊属于无角类型，耳较长，颈粗长，胸宽，背腰和臀部长宽平，肌肉丰富。体躯被毛白色，脸和四肢为黑色或者深棕色，被刺毛覆盖。体格高大，脖颈又粗又长，胸部宽厚，腰背平直，后部体躯发育丰满，呈桶形，公母羊均无角。四肢粗壮。早熟，生长快，肉质好，繁殖率很高，适应能力很强。成年公羊的体重为 120～140kg，成年母羊的体重为 70～90kg，初生羔羊的体重为 4.5～6.0kg，断乳前日平均增重 330～400g，4 月龄体重 47.5kg，屠宰率是 55%～60%。羊胴体内的脂肪含量不高，肉质鲜嫩，肌肉的横断面类似大理石花纹。周岁母羊开始配种，可全年发情配种，产羔率 130%～170%。公、母羊剪毛量分别是 5～6kg 以及 2.5～3kg，毛约长 9cm，细度在 50～58 支，净毛率达 80%。该品种早熟，生长发育快，产肉性能好，母羊母性好，产羔率中等，在世界各国肉羊生产体系中常被当作经济杂交的终端父本用来生成羔羊。

（七）杜泊羊

杜泊羊的原产地在南非，该品种羊的头颈为黑色，四肢和体躯为白色，头的顶部平直、长度中等，额宽，鼻梁隆起，耳大稍垂，既不过短也不过宽。颈粗短，肩宽厚，背平直，肋骨拱圆，前胸比较丰满，后躯的肌肉很发达。四肢长度中等，肢体端正，强健有力。杜泊羊最大的优点就是经济早熟。中等以上营养条件下，羔羊初生重 4～5.5kg，断奶重 34～45kg；哺乳期羔羊平均每天体重增加 350～450g；周岁的公羊体重为 80～85kg，母羊的体重为 60～62kg；成年公羊体重 100～120kg，母羊 85～90kg。杜泊羊以产肥羔肉而出名，肉质致密、色鲜、多汁瘦肉率高，国际上将之称为"钻石级肉"。4 月龄羊羔的屠宰率为 51%，净肉率 45% 左右，肉骨比 9.1：1，料重比 1.8：1。公羊 56 月龄性成熟，母羊 5 月龄便可性成熟；公羊体成熟时期在 12～14 月龄，母羊体成熟时期在 8～10 月龄；发情期间受胎率大群初产母羊 58%，经产母羊 66%，两个情期受胎率可达 98.4%；妊娠期平均约有 148.6 天，产羔率平均为 177%，杜泊羊可常年处于发情期，并具有良好的泌乳能力和保姆性能。

（八）波尔山羊

波尔山羊原产地在南非，是一种优良的肉用山羊品种。现已被非洲的许多国家以及澳大利亚、新西兰、德国、美国、加拿大等国引进作为种用羊。

自 1995 年我国首批从德国引进波尔山羊以后，江苏、山东等许多地区先后引进了该羊品种，并且通过纯繁扩群的方式逐渐向周围和全国各地扩展，显示出很好的肉用特征、广泛的适应性、较高的经济价值和显著的杂交优势。

（九）夏洛莱羊

夏洛莱羊的原产地在法国中部的夏洛莱地区。该羊种毛为白色，公羊和母羊都无角，头部位置往往无毛，脸部皮肤呈粉红色或灰色，有的带有黑色斑点，两耳灵活会动，性情活泼。额头宽、眼眶的距离较大，颈部粗短、耳大、肩宽平、胸宽而深，背部肌肉发达，肋部成拱圆形，体躯呈圆桶状，后躯宽大。两后肢距离大，肌肉发达，呈 "U" 字形，四肢较短，四肢的下部是深浅不同的棕褐色。夏洛莱羔羊生长速度快，平均每天可增重 300g。4 月龄的育肥羔羊体重为 35 ～ 45kg，6 月龄公羔体重为 48 ～ 53kg，母羔 38 ～ 43kg，周岁公羊的体重是 70 ～ 90kg，周岁母羊的体重是 50 ～ 70kg。成年公羊的体重为 110 ～ 140kg，成年母羊体重 80 ～ 100kg。夏洛莱羊 4 ～ 6 月龄羔羊的胴体重为 20 ～ 23kg，屠宰率达 50%，肉质好，脂肪少，瘦肉率高。夏洛莱羊属于季节性自然发情类型，发情时间集中在 9 ～ 10 月，平均受胎率为 95%，妊娠期 144 ～ 148d。初产羔率 135%，3 ～ 5 胎产可达 190%。

二、羊舍的科学设计

（一）羊舍设计的基本要点

设计羊舍时需要满足以下几个方面的基本要点。

1. 符合环境卫生条件

尽量满足羊对各种环境下卫生条件的要求，包括温度、湿度、空气质量、光照、地面硬度及导热性能等。科学的羊舍设计既要利于夏季的防暑，又要利于冬季的防寒，还要保持地面干燥，同时保证地面柔软和保暖。

2. 符合生产流程

符合生产流程要求，有力地减轻管理强度和提高管理效率。也就是说，要能保障生产进行顺利以及养殖兽医技术措施顺利实施。在设计羊舍的时候，应该考虑到羊群的组织、周转以及调整，草料的运输、分发和给饲，引水的供应及其卫生的保持、粪便的清理，以及称重、试情、配种、接羔、护理分娩母羊以及新生羔羊、防疫等。

3. 符合卫生防疫的需求

符合卫生防疫需要，要有力地预防疾病的传入和减少疾病的发生与传播。也就是说，通过羊舍的科学设计以及建造，为羊提供一个适宜的生活环境，从而为防止和减少疾病的发生建立一定的保障。同时，在进行羊舍的设计和建造时，还应考虑到兽医防疫措施的实施问题，例如有害物质（塑料杂物、羊脱落的毛）的存放设施、消毒设施的设置等。

4. 经济适用

结实牢固，造价低廉。也就是说，羊舍及其内部的一切设施都必须本着一劳永逸的原则进行建造和整修。尤其是隔栏、圈门、圈栏、饲槽等设施，更要修建得非常牢固，减少日后维修的麻烦。不仅如此，在进行羊舍修建的过程中还应尽量做到就地取材。如羊场、羊舍、羊圈的围墙，某些地区砖石和水泥等建筑材料成本较高，因此可用坯砌、土打以及泥垛的方式降低成本，节约开支。

（二）羊舍建筑的基本要求及配套设施

羊比较抗寒冷、潮湿，怕热，喜欢游走，因此在建造羊舍的时候还要完善以下几个主要配套设施。

1. 基本要求

（1）选择地势较高，排水便利，遮风向阳，通风，较为干燥，靠近饲料地、牧地以及水源的地方。

（2）运动场不小于羊舍的 2 倍，羊舍的高度不低于 2.5m。羊在舍内或栏内所占单位面积具体是：公羊占 $1 \sim 1.5m^2$；母羊占 $0.5 \sim 1m^2$；怀孕母羊和哺乳母羊为 $1.5 \sim 2m^2$；幼龄公母羊和育成羊为 $0.5 \sim 0.6m^2$。

（3）羊舍的地面、门窗以及通风设施要求保温、干燥、防潮、光照充足，便于通风、饲养管理。大门宽度以 $1.5 \sim 2m$ 为宜，分栏饲养的栏门宽度不低于 1.5m；窗门距地面的高度为 1.5m。楼式的羊舍中，使用木头和竹条铺设楼板，为了方便粪尿的下漏，条间距保持在 $1 \sim 1.5cm$。楼板离地面高度为 1.5 ～ 2m，以利通风防潮、防腐、防虫和除粪。

2. 主要的配套设施

（1）干草房。干草房主要用于存贮用作越冬饲料的干草，空间设计的大小可按照每只羊需 200kg 青干草进行计算。

（2）青贮和氨化设备。根据饲养规模来建立青贮窖和氨化池。要做到不漏水、不跑气。

（3）药浴池。为了防虫治虫，保障肉羊的正常生长和发育，一般需要建药浴池对肉羊进行药浴洗澡。

（4）饲槽和饲料架。饲槽用于补充精料和饲喂颗粒饲料，饲料架用于晾干青绿饲料。

三、羊的高效繁育

（一）选种

只有不断地在育种过程中培育生产性能优良的种羊用以扩大繁殖，才能提高经济效益。由此看来，选种是实现选育的基础以及前提。

1. 选种的根据

选种在个体鉴定的基础上，根据羊的体型外貌、生产性能、后代品质、血统四个方面进行。

（1）体型外貌。体型外貌在纯种繁育中非常重要，凡是不符合本品种特征的羊不适合用来选种。除此以外，体型也会影响生产性能，如果忽视了体型的作用，生产性能全部依靠实际的生产性能测定来完成，就需要时间，造成浪费。比如产肉性能、繁殖性能的某些方面，就可以用体型来选择。

（2）生产性能。羊的生产性能指的是羊的体重、早熟性能、繁殖能力、泌乳能力、产毛量、屠宰率以及羔羊裘皮的品质。

羊的生产性能，可以通过遗传传给后代，因此选择生产性能好的种羊是选育的关键环节。但是想要在各个方面都比其他的品种优秀，是不可能实现的，因此突出主要的优点即可。

（3）后代品质。种羊本身是不是具备了优良的性能这是选种的前提条件，但这仅仅是一个方面，比这更为重要的是其优良性状能否遗传给后代。如果种羊的优良性状不能遗传给后代，则不能继续作为种用。同时在选种过程中，要不断地选留那些性能好的后代作为后备种羊。

（4）血统。血统指的是羊的系谱，一般依据血统来进行种羊的选择，血统不仅能提供种羊亲代的有关生产性能的资料，而且记载着羊只的血统来源，对正确地选择种羊很有帮助。

2.选种的方法

（1）鉴定。选种需要建立在对羊只的鉴定的基础上。羊只的鉴定包括个体鉴定以及等级鉴定两方面，都按鉴定的项目和等级标准准确地进行确定等级。个体鉴定要有按项目进行的每一项的记载，等级鉴定时不需要进行具体的个体记录，只需要列出等级编号即可。需要个体鉴定的羊包括特级、一级公羊和其他各级种用公羊，准备出售的成年公羊和公羔，特级母羊以及被指定作为后裔测验的母羊和它的羔羊。排除需要做个体鉴定的羊，其余均需要做等级鉴定。等级标准可根据育种目标的要求制定。

羊的鉴定一般充分表现在体型外貌和生产性能方面，而且有可能是在作出正确判断的时候进行。公羊一般在到了成年，母羊第一次产羔后对生产性能予以测定。为了培育优良羔羊，需要在羊初生期、断奶期、6月龄以及周岁的时候都作出鉴定，适合做裘皮的羔羊，需要在其羔皮和裘皮品质最好时进行鉴定。后代的品质也要进行鉴定，主要通过各项生产性能测定来进行。选种的一项重要依据就是对后代品质的鉴定。只有后代符合标准，其母羊才能作为种用，凡是不符合要求的及时淘汰。除了对个体鉴定和后裔的测验之外，对种羊和后裔的适应能力、抗病能力等方面也需要进行相关考察。

（2）审查。通过审查血统，可以得出选择的种羊与祖先的血缘关系方面的结论。血统的审查需要有详细的记载，所有自繁的种羊都需要作出详细的记载。在购买种羊的时候应该向出售单位和个人索取卡片资料，在缺少记载的情况下，只能根据羊的个体鉴定作为羊选种的根据，不能审查血统。

（3）选留后备种羊。为了选种工作顺利进行，选留好后备种羊是非常必要的。后备种羊的选择应从以下几方面考虑。第一，选窝。选窝即看羊的祖先，观察优良的公母羊交配的后代，在全窝都发育良好的羔羊中选择。母羊需要第二胎以上的经产多羔羊。第二，选择个体。首先选择初生重以及各生长阶段都体质好、增重快速、发情早的羔羊。第三，选择后代。观察种羊所产后代的生产性能，是不是将父母代的优良性能传给了后代，凡是没有这方面的遗传，都必须淘汰。

关于后备母羊的数量，应该多出需求量的 2～4 倍，而后备公羊的数量也要多于需求量，防止在育种过程中有不合格的羊不能种用而数量不足。

3. 选种标准

选种的标准应该根据育种的目标，在羊的外貌体型、体尺体重、生产性能、产肉率、产羊率、泌乳能力、早熟性能、裘皮性能、产毛性能方面进行。

（二）选配

选种只是对羊只的品质进行选择，选出的种羊需要通过选配的方式巩固选种的效果。因此，选配是选种的继续，是育种工作中有机联系的重要方面。

1. 选配的原则

（1）选配应该紧密地和选种相结合，选种时需要考虑到选配的需要，为选配提供必要的相关资料；选配要与选种紧密地结合起来，选种要考虑选配的需要，为其提供必要的相关资料；选配要配合选种，固定公母羊的优良性状，遗传给后代。

（2）要用最好的公羊选配最好的母羊，但要求公羊的品质和生产性能必须高于母羊，较差的母羊需要尽可能地和质量较好的公羊进行交配，可一定程度地改善其后代，一般情况下，二、三级公羊不能作种用，不允许有相同缺点的公母羊进行选配。

（3）要想充分利用种公羊，必须进行后裔测验，在遗传性状没有证实之前，选配时可根据羊体型外貌和生产性能进行。

（4）种羊的优劣需要根据后代的品质进行判断，因此需要进行详细而系统的记载。

2. 选配的方法

（1）同质选配。同质选配指的是含有相同生产特性或者优点的公母羊进行的交配，其目的在于巩固和提高共同的优点。同质选配能使后代保持和发展原有的特点，使遗传性趋向稳定。但是如果过分地关注同质选配的优点，容易导致个别方面发育过度，致使羊的体质变弱，生活能力降低。因此在繁育过程中的同质选配，可根据育种工作的实际需要而定。

（2）异质选配。异质选配指的是含有不同优点或者生产性状的公母羊进行的配种，或者好的种公羊与具有某些缺点的母羊相配种，其目的在于使其后代能结合双亲的优点，或者弥补母羊的一些缺点。这种选配方法，其优缺点在一定程度上和同质选配相反。

（3）个体选配。个体选配指的是在羊的个体鉴定的基础上进行选配。它主要是根据个体鉴定、血统、生产性能以及后代品质等方面决定进行交配的公母羊。对于一些完全符合育种标准、生产性能达到理想要求的优秀母羊，可以选择两个类型的公羊。一是同质选配，使其后代的优良品质更加理想而稳定；二是异质交配，可获取包含父母代羊只不同优良品质的后代。

（4）等级选配。根据每一个等级母羊的综合特征选择公羊，以求获得共同优点和共同缺点的改进。

（5）亲缘选配。亲缘选配指的是包含一定血缘关系的公母羊进行交配。亲缘选配的优点是可以稳定遗传性状，但是亲缘选配容易引起后代的生活能力降低，羔羊体质弱，体格变小，生产性能低。为了防止不良后果的发生，亲缘选配应该采取以下措施：一是进行严格的选择和淘汰。必须根据体质和外貌来选配，使强壮的公母羊配种可以减轻不良后果。亲缘选配生成的后代需要进行仔细的鉴别，选择体质健壮而结实的个体继续作为种羊。所有生活能力低，体质弱的个体应予以淘汰。二是血缘更新，是把亲缘选配的后代和没有血缘关系，并在不同条件下培育的相同品种进行选配，可以得到生活能力强、生产性能优越的后代。

（三）纯种繁育

1.品系繁育

羊的品系指的是某一品种内含有共同特点，相互之间有亲缘关系的个体组成的具有稳定的遗传性状的群体。

（1）建立基础群。建立基础群，一是按血缘关系组群，二是按性状组群。

按血缘组群，首先对羊进行系谱分析，了解公羊的后裔特点以后，选择优秀的公羊后裔建立基础群，不过后裔中不具备该品系特点的不应留在基础群。这种组群方法在遗传力低的中采用。按性状分群，主要是依据性状表现建立基础群。这种方法主要是根据个体表现来组群。按性状组群在羊群的遗传力高的前提下采用。

（2）建立品系。基础群建立之后，一般把基础群封闭起来，只在基础群内选择公母羊进行交配，每代都按照品系特点进行选择逐代淘汰不符合标准的个体。优秀的公羊尽可能地扩大利用率，质量较差的不配或少配。亲缘交配在品系形成中是不可缺少的，一般只作几代近交，之后再采用远交，待遗传性状稳定、特点突出之后才能确定纯种品系的育成。

2. 血液更新

血液的更新指的是把含有相同的生产性能和遗传性能，但是来源不接近的同一品系的种羊引进另外一个羊群。由于这样的公母羊属于同一品系，仍是纯正种繁育。

血液更新应该在以下几种情况下进行。

一是在一个羊群中或羊场中，由于羊的数量较少而存在近交产生不良后果。

二是新引进的品种因环境的改变，生产性能降低。

三是在羊群质量达到一定水平，生产性能及适应性等方面呈现停滞状态时。血液更新中，被引进的种羊具有优良的体质、生产性能以及适应能力。

（四）杂交改良

杂交方法包括导入杂交、级进杂交以及经济杂交。

1. 导入杂交

当某些缺点在本品种内的选育无法提高时可采用导入杂交的方法。导入杂交应该在生产方向相同的前提下进行。用于改良的品种和原品种的母羊进行一次杂交之后再进行 1 ～ 2 次回交，以获得含外血 1/4 ～ 1/8 的后代，用以进行自群繁育。导入杂交在养羊业中能否得到广泛的应用，很大程度上依靠于用于改良的品种的选择，杂交过程中的选取、选配以及羔羊的培育条件等方面。在导入杂交时，选择品种的个体很重要。因此要选择通过后裔测验以及具有优良的特征外貌、配种能力的公羊，同时为杂种羊创造出优越的饲养管理条件，并进行细致的选配。此外，还要加强原品种的选育工作，以保证供应好的回交种羊。

2. 级进杂交

级进杂交也叫改进杂交和吸收杂交。用于改良的公羊和当地的母羊进行杂交后，从第一代杂种开始，以后各代所产母羊，每代继续用原改良品种公羊选配，到 3 ～ 5 代后其杂种后代的生产性能差不多和改良品种的类似。杂交后代基本达到杂交目的以后，可以停止杂交。符合要求的杂种公母羊可以横交。

3. 经济杂交

经济杂交指的是使用两个品种中的一代杂种提供产品却不作为种用。一代杂种具有杂种优势，所以生活能力强，生长发育快，在肥羔肉生产中经济应用。经济杂交的优点是第一代杂种的公羊羊羔生长速度快，可作为商品肉进行生产，而第一代杂种的母羊不仅可以作为肉羊，也可以作为种用提高生产性能。

（五）育种计划和记载

育种的工作需要系统而有计划地展开。关于育种计划，应该结合环境、饲养管理的条件以及市场需要而制订。要制定育种目标、引种、繁育、生产性能的测定等方面。同时，在育种的过程中做好记录，为育种提供有效的依据。

四、羊的饲养管理

（一）初生羔羊的饲养管理

羔羊的初生期指的是羔羊出生后的 10 天的时间。初生期加强哺喂，可以提高羔羊的成活率以及今后健康生长发育。

1. 防寒保暖

羔羊出生以后，先擦掉其口鼻上的黏液，再让母羊舔净羔羊全身，可在羔羊身上撒些玉米粉或者麦麸引诱母羊舐舐。产羔房的温度应保持在8～10℃，羔羊舍的温度在8℃以上。

2. 早吃初乳

初乳指的是母羊分娩后4～7天分泌的乳汁，出生的羔羊需要尽快地吃到并且吃饱初乳。初乳中含有丰富的蛋白质（17%～23%）、脂肪（9%～16%）、矿物质等营养物质和抗体，可以增强羔羊的体质，帮助羔羊抵抗疾病。其中镁盐还能帮助羔羊肠胃蠕动，排出胎粪。应该让初生羔羊在30分钟之内吃上初乳220g。

3. 安排好吃奶时间

在羔羊初生期内，母子同圈，羔羊可以自由地吃奶，基本上每隔1～2小时就会吃一次奶。20天以后吃奶次数减少到每隔4小时1次。若白天母羊放牧，可将羔羊留在羊舍饲养，中午的时候让母羊回到羊舍喂羔羊一次奶，加上出牧以及归牧分别饲喂的一次，等于一天喂给羔羊3次奶。

4. 及早补饲

补饲可以帮助羔羊锻炼肠胃功能，能够尽快地自由采食。在羔羊结束初生期5～10天时，就应该开始训练吃草料。羔羊喜食幼嫩的豆科干草或嫩枝叶，可在羊圈内安装羔羊补饲栏，食槽里放入切碎的幼嫩干草以及胡萝卜供羔羊采食。之后再用混合精料饲喂羔羊。羔羊达到1月龄起，除随母羊放牧外每只每天补饲精料25～50g，食盐1～2g，骨粉3～5g，青干草任其自由采食。随着母羊泌乳的减少，羔羊50日龄以后进入增加饲料的阶段，对蛋白质的需要逐渐转入补喂的草料上，此时在日粮中应注意补加豆饼、鱼粉等优质蛋白质饲料，方便羔羊的快速生长以及增重。

5. 做好对奶和人工哺乳工作

在羔羊小于1月龄的时候，为了保证双羔和弱羔都能吃到奶，应该做好对奶工作，对于缺奶的羔羊和多胎羔羊，可进行人工哺乳。人工哺乳的羔羊也应吃过初乳。一般初生羔羊全天的喂奶量差不多是初生重量的1/5，之后每两周增加前一次饲喂量的1/4～1/3。每天哺乳的次数和时间也要固定。10日龄内日喂10次，10～20天日喂4～5次，20天后日喂3次，直至4~5周龄的时候停止饲喂代乳品，这时候也不能改变之前的补饲方法以及日粮的类型，更不适合更换圈舍，因为羔羊已熟悉周围的环境。停喂1周后，要增加放牧，减少应激。

6. 人工哺乳注意事项

（1）不要急躁。羔羊最开始是不会喝奶的，应该对其进行训练，让它慢慢地习惯。不能急躁，不要强迫其硬喝，否则，会把奶呛入气管，造成异物性肺炎而导致羔羊死亡。

（2）哺喂的时间、奶量一定。每天喂奶的时间、喂量以及奶的温度都要相对稳定，不可以让羔羊饥一顿、饱一顿。奶的温度要保持在38～42℃，若奶温太低，会使羔羊食后拉稀，最好当时挤奶当时饲喂。初乳的饲喂量每天大约是羔羊体重的1/5，饲料可以慢慢增加，从第1天的0.6～0.7kg，增加到第6天的0.8～1.0kg，每天哺喂4～5次。

（3）注意喂奶时的卫生情况。用于喂奶的瓶子、盆以及橡皮奶头等每天在结束喂奶后都需要刷洗干净，晾干后再用。同时，要保持羊舍清洁卫生，防止潮湿，确保羔羊健壮生长。

7. 羔羊寄养

如果母羊死亡或者产乳少，可以给羔羊找乳母。找乳母应该选择自己羔羊死亡或者母性强，泌乳量大的母羊。母羊是靠嗅觉来认识羔羊的，所以在寄养时应在夜间将乳母的乳汁抹在寄养羔羊身上，或将羔羊的尿液抹在乳母的鼻端，使气味混淆，无法区别，然后将羔羊放入乳母栏中，这样进行2～3天，就算寄养完成。

（二）种公羊的饲养管理

种公羊的好坏对整个羊群的生产性能和品质高低起决定性作用。要想使种公羊常年保持良好的适合种用的身体状况，即体质结实、肢体健壮、精力充沛、膘情适中、性欲旺盛以及精液质量良好，就必须加强种公羊的科学化饲养管理。圈舍通风，干燥向阳。饲料营养价值高，有足量优质蛋白质、维生素A、维生素D和矿物质。理想的粗饲料，鲜干草类有苜蓿、青燕麦草以及三叶草等；精料包括大麦、燕麦、黑豆、豌豆、高粱、玉米、麦麸等；多汁饲料有胡萝卜、甜菜和玉米青贮等。种公羊的饲养管理可分为非配种期和配种期。

1. 非配种期

在羊不需要配种的时期，在春、夏季主要是放牧，每天给羊饲喂 500 克混合精料，分 3 ～ 4 次完成；在冬季除放牧外，一般每日需补混合精料 500g，干草 3kg，胡萝卜 0.5kg，食盐 5 ～ 10g，骨粉 5g。

2. 配种期

在配种前一个半月，开始饲喂种公羊配种期的标准日粮，最初可按标准日粮的 60% ～ 70% 逐渐加喂，直至全部变为配种期日粮。饲喂量为：混合精料 1.0 ～ 1.5kg，胡萝卜、青贮料或其他多汁饲料 1 ～ 5kg，优质青干草足量，动物性蛋白饲料鱼粉、牛奶和鸡蛋的投入量适中，每天每只羊饲喂骨肉粉 50 ～ 60g。混合精料包括 50% 的谷物饲料，以玉米为主，2 ～ 3 种，如燕麦、大麦、黍米等能量饲料，占 40% 的豆饼以及豆类，占 10% 的麦麸皮。精料每天分两次饲喂。补饲干草时要用草架饲喂，精料和多汁料应放在料槽里饲喂。对于配种任务繁重的优秀种公羊，每天应补饲 1.5 ～ 2.0kg 的混合精料，并在日粮中增加部分动物性的蛋白质饲料，比如鱼粉、肉骨粉、鸡蛋等，用以保证种公羊的精液质量良好。

配种期种公羊的饲养管理要做到认真、细致。要经常观察羊的采食、饮水、运动及粪、尿排泄情况。保持饲料、饮水的清洁卫生。为确保公羊的精液品质、提高精子的活力，除了保证提供营养外，还应该加强种公羊的运动，每天放牧或者让公羊运动 6 小时，同时公羊应该单独放牧、圈养，不与母羊混群。放牧时应防止树桩划伤阴囊。单栏圈养面积要求 1 ～ 1.2m²，适龄配种。青年公羊在 4 ～ 6 月龄性成熟，6 ～ 8 月龄体成熟，方宜配种或采精。每天最好配种 1 ～ 2 次，旺季时可每天配种 3 ～ 4 次，不过如果公羊连续交配 2 天，应让其休息 1 天；保证运动量。对 1.5 岁左右的种公羊每天采精 1 ～ 2 次为宜，不要连续采精；成年公羊每天可采精 3 ～ 4 次，有时可达 5 ～ 6 次，每次采精应有 1 ～ 2 小时的间隔时间。采精比较频繁时，也要保证公羊每周休息 1 ～ 2 次，避免养分和体力消耗过度导致的身体状况下降。

（三）母羊的饲养管理

1. 配种前的饲养管理

母羊配种前，应对其抓膘复壮，为配种妊娠准备好充足营养。在日粮配合方面，应以保证正常的新陈代谢为基础，对断奶后较瘦弱的母羊，还要适当增加营养，以达到复膘。溧水区种羊场饲养的波尔母羊以舍饲为主，干粗饲料如山芋藤、花生秸等任其自由采食，每天放牧约 4 个小时，这一时期，每天每只母羊应该另外补饲约 0.4kg 的混合精料。

2. 妊娠期的饲养管理

在妊娠的前 3 个月由于胎儿发育较慢，营养需要与空怀期基本相同。在妊娠的后 2 个月，由于胎儿发育比较快，胎儿 80% 的体重都在这两个月中生成，因此，这两个月应该保证充足、全价的营养，代谢水平应提高 15% ~ 20%，钙、磷含量应增加 40% ~ 50%，并要有足量的维生素 A 和维生素 D。溧水饲养的波尔羊妊娠前期基本同空怀期一样，妊娠后期，每天每只羊补充饲喂 0.6 ~ 0.8kg 混合饲料，以及 3 ~ 5g 骨粉，在母羊产前约 10 天时还需要喂一些多汁饲料。怀孕母羊应加强管理，防拥挤，防跳沟，防惊群，防滑倒，日常活动要以"慢、稳"为主，不能吃霉变饲料和冰冻饲料，以防流产。

3. 哺乳期的饲养管理

（1）哺乳前期指的是母羊生产后的一个半月到 2 个月之间。刚刚生产的母羊体质虚弱，腹部虚空，体力和水分消耗量大，可饮淡盐水加适量麸皮。产羔 1 ~ 3 天内如果母羊膘情好，可以少喂精料甚至不喂，只喂适量青绿饲料，以防消化不良或乳腺炎等病症。

（2）哺乳后期指的是母羊生产 2 个月后到羔羊断奶之间。羔羊出生 2 个月后，母羊的泌乳量减少，羔羊利用饲料的能力日渐增强，从以母乳为主的阶段过渡到以饲料为主的阶段。

（四）育成羊的饲养管理技术

育成羊指的是羔羊从断奶开始到第一次进行配种的公羊或者母羊，一般是 3 ~ 18 月龄的公、母羊，其特点是生长发育较快，营养物质需要量大，如果此期营养不良，就会显著地影响到生长发育，从而形成个头小、体重轻、四肢高、胸窄、躯干浅的体型。同时还会使体质变弱、皮毛变稀而且降低品质、推迟性成熟以及体成熟、配种不按时，还会影响种羊生产性能，甚至失去种用价值。可以说育成羊是羊群的未来，其培育的质量如何是羊群面貌能否尽快转变的关键。

国内很多养羊户在饲养育成羊方面不够重视，认为育成羊不需要配种、怀羔、泌乳。因此，在冬春季节不加补饲，多出现程度不同的发育受阻。冬羔比春羔在育成时期之所以表现良好，就是因为冬羔出生早，当年"靠青草生长"的时间长，体内有较多的营养储备。

1. 合理的饲喂方法和饲养方式

饲料的类型影响着育成羊的体型以及生长发育，要想成功地培育育成羊，需要优良的干草以及充足的运动。给育成羊饲喂大量而优质的干草，不仅有利于促进消化器官的充分发育，而且培育的羊体格高大，乳房发育明显，产奶多。得到充足的阳光照射和得到充分的运动可使其体格健壮，心肺发达，采食量大。如果饲料优质，那么可减少或者去掉精料，精料使用过量而且运动不足，容易肥胖，早熟早衰，利用年限短。

2. 育成羊的选种

要想提高羊群的质量，需要选择合适的育成羊作为种羊。在生产过程中，需要经常对育成期的羊只进行挑选，把品种特性优良的、高产的、种用价值高的公羊和母羊选出来留作繁殖用，不符合要求的或使用不完的公羊则转为商品生产使用。生产中常用的选种方法是根据羊本身的外貌体型、生产性能进行挑选，并以系谱检查以及后代测定为辅。

3. 育成羊的培育

断乳以后，羔羊按性别、大小、强弱分群，加强补饲，按饲养标准采取不同的饲养方案，每月进行体重抽检，以增重情况为基础进行饲养方案的调整。羔羊断奶后，在放牧阶段依然需要继续补喂精料，补饲量要根据牧草情况决定。刚离乳整群后的育成羊，正处在早期发育阶段，这一时期是育成羊生长发育最旺盛时期，这时候正是夏季的青草期。在青草期应该多饲喂营养丰富全面，利于羊体消化器官发育的青绿饲料，可以培育出个体大、身腰长、肌肉匀称、胸围圆大、肋骨之间距离较宽、整个内脏器官发达，而且具备各类型羊体型外貌的特征。因此夏季青草期应以放牧为主，并结合少量的补充饲养。在放牧的时候需要注意对头羊进行训练，控制好羊群，不能让其养成喜欢游走挑好草的不良习惯。放牧距离不可过远。在春季由舍饲向青草期过渡时，正值北方牧草返青时期，应控制育成羊跑青。

放牧要采取先阴后阳（先吃枯草树叶后吃青草），控制游走，增加采草的时间。

在枯草期，尤其是第一个越冬期，育成羊还处于生长发育时期，而此时饲草干枯、营养品质低劣，加之冬季时间长、气候冷、风大，消耗能量较多，需要摄取大量的营养物质才能抵御寒冷，保证生长和发育，因此加强补充饲养十分重要。在枯草季节，除了照常放牧以外，还需要保证有足够的青干草和青贮料。精料的补饲量应视草场状况及补饲粗饲料情况而定，一般每天喂混合精料 0.2 ~ 0.5kg。由于公羊一般生长发育快，需要营养多，所以公羊要比母羊饲喂的精料多，同时还要注意对育成羊补充矿物质如钙、磷、盐及维生素 A、维生素 D 的饲喂。

4. 加强检疫工作

检疫是"预防为主"方针中不可缺少的重要一环。通过检疫，可以及时发现疫病，及时采取相关防治措施，进行就地控制以及扑灭。检疫指的是对羊群进行定期的健康检查以及抽检化验，及时发现病羊，为防止病羊把疾病传染给健康羊，要立即隔离，单独关养，进行治疗。坚持自繁自养原则，确需引进种羊时，必须从非疫区购入，并经当地动物防疫监督部门检疫合格后，在进场时再经过本场兽医的验证、检疫以及隔离观察，1个月以后再给健康的羊只驱虫、消毒、补苗后，方可混群饲养。

第三节　养牛实用技术

一、牛的优良品种

（一）国内优良品种

1. 秦川牛

秦川牛的原产地在陕西省关中地区，是我国著名的体型高大的地方役肉兼用型黄牛品种。该品种牛体格较高大，骨骼粗壮，肌理丰满，体质强壮，肉质鲜嫩，容易育肥，肉用性能好，瘦肉率高。

2. 鲁西牛

鲁西牛的原产地在山东省西部黄河故道以北、黄河以南以及运河以西的大部分地区，主产区在济宁、菏泽两地区。鲁西牛体格高大而略短，外形细致紧凑，骨骼细，肌肉发达。成年牛的平均屠宰率是58.1%，净肉率是50.7%，眼部肌肉的面积是94.2cm^2。肉质细嫩良好，产肉率较高，肌纤维细，脂肪在肌纤维间分布均匀，呈明显的大理石花纹。母牛的性成熟比较早，公牛在1岁左右开始性成熟。

3. 蒙古牛

蒙古牛的原产地在蒙古高地，主要分布范围是我国内蒙古自治区以及相邻的新疆、甘肃和宁夏等西北地区；华北地区的山西和河北，东北地区的辽宁、吉林和黑龙江等省区。蒙古牛的体格适中，体质粗糙而结实。因其肌肉不够丰满，导致产肉性能不高。

（二）国外优良品种

1. 夏洛莱牛

夏洛莱牛的原产地在法国中西部到东南部之间的夏洛莱以及涅夫勒

地区。该品种因其体型高大、增重快、饲料报酬高，能生产大量脂肪含量少的优质肉而著称，并引起世界各国的重视，现已分布在世界许多国家。1964年，我国从法国引进了夏洛莱牛，主要分布在东北、华北各省及江苏、安徽、湖北、陕西、宁夏、新疆等13个省市、自治区。夏洛莱牛的体格高大，是大型的肉牛品种

2. 西门塔尔牛

西门塔尔牛的原产地在瑞士西部的阿尔卑斯山区，主要分布在萨能平原以及西门塔尔平原。在法国、德国、奥地利等国边邻地区也有分布。西门塔尔牛占瑞士总头数的50%，占奥地利总头数的63%，占德国总头数的39%。现有30多个国家饲养西门塔尔牛，总数超过400万头，已成为世界上分布最广、数量最多的乳、肉、役兼用品种之一。目前，我国饲养的西门塔尔牛包括瑞系、苏系、加系、德系、法系以及奥系等，主要分布范围有内蒙古、黑龙江、河北等22个省、区。全国共有纯种西门塔尔牛3万余头，各代杂种牛近1000万头。

3. 安格斯牛

安格斯牛作为一种古老的小型肉牛品种，原产地在英国苏格兰北部的安格斯、阿伯丁以及金卡丁郡，并因地得名。自19世纪开始向世界各地输出，现在世界主要养牛国家大多数都会饲养这种牛品种。安格斯牛现已成为美国、英国、新西兰、阿根廷以及加拿大等国家的主要牛品种之一。在美国的肉牛总头数中占1/3。我国先后从英国、澳大利亚和加拿大等国引进该品种，现有的分布范围包括内蒙古、新疆、东北地区以及山东等北方地区。

4. 比利时蓝牛

比利时蓝牛的原产地在比利时的中北部，是由短角蓝花牛和弗里生牛经过长期地向肉用方向选择培育而成的一种比利时当代的肉牛品种，现有150万头，占全国牛总数的一半以上。现在已经分布到美国、德国、法国、英国、西班牙以及加拿大等20多个国家和地区。1996年，我国引进该品种作为肉牛配套系的父系品种。

5.婆罗门牛

婆罗门牛的原产地在美国西南部的海湾地区，是由美国培育出的一种能够适应热带、亚热带以及炎热干旱地带的瘤牛品种，也是目前世界上利用最多、分布最广的一个瘤牛品种，除了分布在美国 46 个州之外，还分布在中美洲、南美洲以及印度和巴基斯坦等国。20 世纪 70 年代初，我国由尼克松总统赠送 1 头公牛，在 80 年代用婆罗门牛与闽南牛进行杂交。

二、牛场的规划建设

（一）设计的原则

修建牛舍可以提供给牛一个适宜的生活环境，保证牛的身体健康以及生产的正常运行。使用较少的饲料、资金、能源和劳力，获得更多的畜产品和较高的经济效益。为此设计肉牛舍应掌握以下原则。

1.合适的环境要求

为了给牛创建一个舒适的环境，帮助其生产潜力充分发挥出来，提高饲料利用率。一般情况下，家畜的生产力 20% 取决于品种，40% ～ 50% 取决于饲料，20% ～ 30% 取决于环境，例如，不适宜的环境温度可使家畜的生产性能下降 10% ～ 20%。因此牛场在设计时必须满足牛对各种环境因素的需求，包括温度、湿度、光照、通风以及空气中二氧化碳、硫化氢、氨含量的需求。

2.合理的生产工艺要求

生产工艺包括牛群的组成及其饲养方式、周转方式、草料的运送和贮备、粪的清理、污物的放置、饮水、采精、配种、疾病防治、生产护理、测量、称重等。在进行养牛场的建筑设计时，必须满足生产工艺要求，以使生产能够顺利地进行，畜牧兽医技术措施顺利地实施，否则会给生产造成不便，降低生产效率。

3.严格的卫生防疫要求

流行性疾病是养牛场最大的威胁，牛场的建筑设计必须符合卫生防疫的要求，减少或者防止外界疫病传入以及牛场内疫病的传播、扩散，方便兽医工作者的操作和防疫制度的执行。

4.安全要求

牛场建筑要坚固、牢靠，做到防火、防灾、防盗。地面处理要合理，必须防滑，平整，不能有尖突物，以保障牛的安全。

5.经济要求

在满足以上要求的基础上，牛场的建设还要做到低造价，降低建设成本，减少维修费用。因此，在牛场场址选定后要尽可能地利用自然条件，如地势、地形、风向、光照条件等，用以建筑的材料最好能做到就地取材、因地制宜，设计要求简便，容易操作。

（二）场区的规划

牛场场区规划应本着因地制宜和科学饲养的要求，合理布局，统筹安排。一般牛场按功能分为四个区，即生产区、粪尿污水处理和病畜管理区、管理区、职工生活区。分区规划首先从保证人和牲畜身体健康的方面考虑，在区间内建立起最合适的生产联系以及卫生防疫条件，考虑地势和主风方向进行合理分区。

牛舍的健壮要根据当地气温的变化以及牛场的生产、用途等诸多因素确定。建造牛舍时不仅要考虑经济实用的原则，还有考虑是否符合兽医卫生要求。如果有条件，可以建设质量好、耐用的牛舍。基本上牛舍应该坐北朝南，并且窗户也要满足足够的数量和大小，保证阳光充足、空气流通。牛舍的房顶要有一定的厚度，保证保温性能，牛舍内的各种设施都应该科学合理的安置，方便牛的生长发育。

（1）地基与墙体。地基深 $8 \sim 100cm$，砖墙厚约 $24cm$ 双坡式牛舍脊高 $4 \sim 5m$，前后檐高 $1 \sim 3.5m$。牛舍内墙的下部不要设置墙围，防止水汽渗入墙体，以提高墙的坚固和保温性能。

（2）门窗。门最好高约 $2.1m$，宽 $2 \sim 2.5m$。一般门要做成双开门，或者上下翻卷门。如果窗子采用封闭式，则应该大一些，宽高为 $1.5m \times 1.5m$，窗台高度大约是 $1.2m$。

（3）场地面积。牛的生产、牛场的管理、职工生活以及一些附属建筑都需要一定的空间。确定牛场大小时可以根据每头牛需要的面积结合长远的规划。牛舍和其他房舍的面积一般占场地总面积的 $15\% \sim 20\%$。不过，牛体的大小、生产目的以及饲养方式的不同导致每头牛占据的牛舍面积也不同。肥育牛每头所需要的面积为 $1.5 \sim 4.5m^2$，通栏肥育牛舍有垫草的每头牛占 $2 \sim 4.5m^2$，有隔栏的每头牛占 $1.5 \sim 2m^2$。

（4）屋顶。一般最常用的就是双坡式屋顶。这种屋顶经济又保温，并且容易施工。

（5）牛床和饲槽。牛场一般会采用群饲通槽喂养的方式。牛床基本是长 $1.5 \sim 1.8m$，宽 $1 \sim 1.3m$，坡度 1.5%，槽端的位置略高。饲槽设置在牛床的前面，选用固定式水泥槽，上宽 $0.5 \sim 0.8m$，下宽约 $0.4m$，弧形，靠牛床的一侧边缘高约 $0.4m$，靠近走道的一侧高约 $0.7m$，为了方便操作，节约劳动力，饲槽的外缘最好和通道保持在同一水平面上。

（6）通道和粪尿沟。如果是对头式饲养的双列牛舍，应保证中间的通道宽为 $1.5 \sim 1.8m$，通常要确保送料车能够通过。粪尿沟的宽度也要以常规铁锹能够推行为宜。

（三）牛场污染的控制

尿和粪便每只成年牛每天的排尿量是 $10 \sim 18kg$，排粪量是 $30 \sim 35kg$。

污水主要是由冲洗牛舍、清洗牛槽排放的，平均每头牛每天产污水 $30 \sim 40kg$。

废气主要是二氧化碳与甲烷，除此以外还包括氨气、氮气以及硫化氢等，经过牛嗳气或由肠道排放。据农业农村部环境保护监测所估测，1990 年我国家养反刍动物排放甲烷量为 567 万 kg，并以 2.34% 的速度逐年递增。粪尿处理不当时也会产生带异味的废气。

废弃物除了垫草以外，还包括牛吃剩的草料废渣、草料袋、牛体排泄物以及医疗废弃物等。这里需要指出的是，体内排泄物往往不会引起人们注意。它是指日粮设计不合理或人为添加过多蛋白质和磷，不仅造成浪费，而且排泄的氮、磷是污染物中对环境影响比较大的物质。

这些废弃物如果控制与处理不当，必然滋生蚊、蝇，散发异味，致使有害病原体扩散，污染环境，甚至侵蚀土壤，最终危害周围居民的身体健康。

三、牛的繁育技术

（一）母牛的发情

母牛发情指的是从母牛的卵巢开始发育，排出正常成熟的卵子，同时母牛的生殖器官以及行为特征出现一系列变化的生理和行为学过程。

1. 初情期

母牛首次发情、排卵时期被称为初情期。初情期的母牛虽然会表现出发情，但是不够完全，发情周期也往往不正常，其生殖器官仍在继续生长发育中，虽已具有繁殖机能，但还达不到正常繁殖能力。牛的初情期一般为 6～12 月龄。初情期的早晚受遗传、体重、季节、营养水平以及环境等多方面的因素影响。

2. 性成熟

母牛到一定年龄，生殖器官发育完全，具备了正常繁殖能力的时期。牛的性成熟期一般为 10~14 个月龄。但是处于性成熟期的母牛，身体尚未发育健全，这时候如果进行配种妊娠，不但会妨碍母牛的继续发育，而且还可能造成难产，同时也影响母牛的体重，故不宜在此时配种。

3. 发情持续期

发情持续期指的是母牛从开始发情到发情终止的一段时间。一般情况而言，成年母牛的发情持续期平均为 18h，范围在 6～36h，青年牛约为 15h，范围在 10～21h。发情持续期的长短受气候、年龄、营养状况、品种及使役轻重等因素的影响。在气温高的季节，母牛的发情持续期要短于其他季节。如果是炎热的夏天，母牛的卵巢黄体和肾上腺皮质部分都会分泌黄体酮，黄体酮或黄体生成素会缩短发情持续期。育成母牛发情持续期要比老龄母牛长，饲料不足的草原母牛要比农区饲养的母牛短，黄牛要比水牛短。

4. 发情周期

母牛性成熟以后，会受到内分泌的影响，其生殖器官逐渐发生周期性变化。发情开始到下一次发情开始的间隔时间为一个发情周期。如果母牛已怀孕，发情周期即中止，待产犊后间隔一定时间，重新恢复发情周期。

成年母牛的发情周期平均为 21d，范围在 18 ～ 24d，青年母牛的发情周期短于经产母牛，一般是 1 ～ 2d。

5. 繁殖机能停止期（绝情期）

母牛到年老时，繁殖机能逐渐衰退，继而停止发情，称为繁殖机能停止期（绝情期）。其年龄因为品种、健康状况及饲养管理技术的不同而略有差异。牛的绝情期差不多是 13 ～ 15 年（11 ～ 13 胎）。母牛丧失了繁殖能力，便无饲养价值，应该淘汰。

（二）母牛的发情症状

1. 外部表现

在发情初期，母牛常表现出兴奋不安、反应敏感、哞叫及不愿意让其他牛爬跨；在发情盛期时则接受爬跨，被爬跨时举尾，四肢站立不动；进入发情末期，母牛逐渐转入平静期，渐渐地不再接受爬跨。看外阴的变化：母牛发情时，阴户由微肿而逐渐肿大饱满，柔软而松弛；接着阴户的肿胀慢慢消退，缩小，显现皱纹。阴道黏膜以及子宫颈口也会有一些变化：发情初期阴道壁充血而潮红，有光泽；发情盛期子宫颈红润，颈口开张，约能容纳一个手指；发情末期阴道黏膜充血、潮红现象逐渐消退，子宫颈口慢慢闭合。看阴户流出黏液的变化：发情初期会排出像鸡蛋清一样清亮的黏液，但黏性差。发情盛期的母牛排出的黏液像玻璃棒状，具有高度的牵缕性，易黏着于尾根、臀端或后肢关节处的被毛上。排卵前排出的黏液逐渐变白而浓厚黏稠，量也减少，牵缕性又变差。可用拇指和食指蘸取少量黏液，若牵拉 5 ～ 7 次不会断（牵拉 5 ～ 7cm），即可证明此阶段的母牛即将排卵，可以在之后的 3 ～ 4h 内进行输精，若牵拉 8 次以上不断则为时尚早，牵拉 3 ～ 5 次即断则为时已晚。看产奶量：大多数母牛在发情时，产奶量会有所下降。

2. 直肠检查

直肠检查通过触摸子宫和卵巢变化的方式鉴定。处于发情初期的母牛，在直肠检查时，其子宫变软，卵巢一侧增大，在卵巢上有卵泡，无弹性。此期维持 10h 左右。发情中期直肠检查子宫松软，卵泡体积增大，直径 1 ～ 1.5cm，突出于卵巢表面，弹性强，有波动感。这一时期会维持 8 ～ 12h。

处于发情末期的母牛，在直肠检查时，其子宫颈会变得松软，卵泡壁变薄，波动很明显，呈现熟葡萄状，有一触即破的感觉。此期维持 8 ～ 10h。

（三）母牛的人工授精技术

人工授精指的是使用器械对公牛的精液进行采集，经过检查、稀释处理后，使用输精器将精液输入母牛的生殖道内，以代替公母牛自然交配的一种配种方法。母牛人工授精可明显提高优良种公牛的配种效率；扩大与配母牛的头数；加速育种工作进程和繁殖改良速度；促进养牛业高效、高产、优质地发展；减少种公牛的饲养头数；降低饲养管理的费用；扩大公牛配种地区范围和提高母牛的配种受胎率。通过人工授精还能及时发现繁殖疾病，可以采取相应措施及时进行治疗。人工授精技术已成为养牛业的现代科学繁殖技术，并已在全国范围内广泛应用，促进了养牛业的繁殖速度和生产效率的提高。

1. 母牛最佳配种时间

（1）母牛体成熟和初配年龄。母牛初次配种时必须达到体成熟年龄和适宜的体重。体成熟指的是牛的肌肉、骨骼以及内脏中的各个器官基本都发育完全，并且具备了成年牛的固定形态和结构。达到体成熟的年龄因类型、品种、气候、营养及个体间的不同而有差异，黄牛 2 ～ 3 岁，在饲养条件较好的条件下，培育品种 1.5 ～ 2 岁。母牛初次配种年龄过早，不仅会影响自己本身的正常发育和生产性能，减少了利用的年限，还会影响犊牛的生产性能和生活能力。母牛的初配年龄主要依据牛的品种、个体的生长发育情况和用途来确定。早熟品种 16 ～ 18 月龄，中熟品种 18 ～ 22 月龄，晚熟品种 22 ～ 24 月龄。母牛初配时体重应达到成年体重的 70%。

（2）母牛生产后进行第一次配种的时间母牛生产后到第一次正常发情的时间差不多是 65d，肉牛 40 ～ 104d，黄牛为 58 ～ 83d，牦牛为 21 ～ 54d。实践证明，肉牛在产后 60 ～ 90d 配种比较适宜，对少数体况良好、子宫复原早的母牛可在 40 ～ 60d 内配种。

2. 分娩管理

（1）在分娩前注意观察，做好接产准备。母牛的乳房在分娩前 10d 开始变得肿大，分娩前 2d 极度膨胀，皮肤发红，乳头饱满分娩前 1 周阴唇肿胀柔软；分娩前 1～2 天子宫颈黏液软化变稀呈线状流出；骨盆韧带从分娩前 1 周开始软化，临产前母牛精神不安，不断徘徊，食欲不振，经常会作出排尿状态。

（2）分娩时要注意接产。母牛分娩时应尽可能让其自然分娩，对于头胎牛、胎儿过大、倒生、过了产出期 3～4h 后可适当给予助产。出现难产要请兽医处理。难产分为胎儿性难产、产道性难产以及产力性难产。

（3）分娩后要注意产后监护。①产后 3 小时内需要注意观察母牛产道有无损伤出血。②产后 6h 内需要观察母牛努责的情况。如果努责强烈，可能子宫内还有胎儿，同时需要注意子宫脱出的征兆。③产后 12h 内注意观察胎衣排出情况。④产后 24h 内注意观察恶露排出的数量和性状，排出大量暗红色恶露为正常。⑤产后 3d 内需要观察母牛是否发生生产瘫痪的症状。⑥产后 7d 注意观察恶露排尽程度。⑦产后 15d 注意观察子宫分泌物是否正常。⑧产后约 30d 可以使用盲肠检查母牛子宫的康复情况。⑨产后 40～60 天注意观察产后第一次发情。

（4）初生牛犊的护理。①保证呼吸：首先用手或者毛巾擦干刚刚出生的犊牛口腔以及鼻腔中的黏液，如果黏液过多，确保呼吸。犊牛出生后首先要用毛巾或手清除口腔和鼻腔内的黏液，如果黏液较多，阻碍呼吸，可将犊牛头部放低或倒提起犊牛控几秒钟，使黏液流出。出现呼吸困难，也可以通过人工诱导，即交替挤压和放松胸部的方法帮助其呼吸。②消毒脐带：距腹壁 5～10cm 剪断脐带后，用 5% 碘酊浸泡消毒。③早喂初乳：出生 30 分钟内立即喂初乳 2kg，日喂 4 次。

四、犊牛的饲养管理

犊牛指的是出生后到断奶前的小牛，按照犊牛的生理特征可以分为初生期以及哺乳期。哺乳期一般为 3～6 个月。哺乳期的犊牛处在快速的生长发育阶段，饲养管理得当，对充分挖掘其肉用潜力具有重要作用。影响犊牛生长发育的因素有很多，其中亲代的遗传、生活条件、食用的饲料类型以及饲养水平等因素产生作用比较大。

1. 犊牛的饲养

（1）犊牛的开食。为了促进犊牛胃肠和消化腺的发育，以适应粗饲料，利于后期的生长发育以及发展生产性能，应该尽早地饲喂犊牛牧草和其他饲料。一般而言，在犊牛出生 7～10d 开始训练采食干草，在牛槽或草架上放置优质干草，任其自由采食及咀嚼。在出生后 15～20d 或更早开始训练其采食混合精料。

使用混合饲料涂在犊牛的口鼻处，教会犊牛舔食，开始时每天饲喂 10～20g，之后逐步增加到 80～100g。待犊牛适应一段时间干料后，再饲喂糖化后的干湿料。应该注意的是，糖化料不能酸败。犊牛开食料中不应含有尿素。犊牛在满月或 40～50 日龄后可逐渐增加饲料量，减少哺乳量，除了干湿料的增加，还可以增加青贮饲料和多汁饲料（胡萝卜、南瓜、甜菜等）。多汁饲料自 20 日龄开始饲喂，最初每天 200～250g，到 2 月龄时每天可喂到 1.0～1.5kg；青贮饲料自 30 日龄开始饲喂，最初每天 100～150g，3 月龄时可增至 1.5～2.0kg，4 月龄的时候增加到 4～5kg。犊牛饲料不能突然更换，换饲料的时间差不多是 4～5d 完成，更换比例不能超过 10%；1 周龄的犊牛要诱导饮水，最初用加有奶的温水 36～37℃，10～15d 后可逐步改为常温水（水温不低于 15℃）。犊牛舍要有饮水池，贮满清水，任其自由饮用。

（2）犊牛断奶。犊牛具体的断奶时间和犊牛的身体状况以及补充饲料的情况有关，并且断奶需要循序渐进。当犊牛达到 3～6 月龄，日采食 0.5～0.75kg 的犊牛料，并且能有效反刍时即可实施断奶。体弱者可适当延长哺乳时间，同时训练多食料。预定断奶前 15 天要逐渐增加饲料饲喂量并且用混合料和优质干草逐步替代犊牛料；减少哺乳的数量以及次数，将每天的 3 次哺乳改为 2 次哺乳，再改 2 次为 1 次，然后隔天 1 次。当母子互相呼叫时，要将犊牛舍饲或拴饲，断绝接触。断乳时要备 1：1 的掺水牛奶，使犊牛饮水量增加，之后渐渐减少奶的加入，最终变成常温清水。有时候也可以对犊牛进行早期断奶。

2. 犊牛的管理

（1）称重与编号。犊牛的称重应在生后第一次哺乳前和清晨饲喂前进行。第一次称重的时候需要给犊牛进行编号。特别是在需要育种的牛场，称重和编号十分重要。进行编号记录的时候一并记入犊牛的亲本存档。号码应用耳标的方式固定，以便观看。

（2）去角。去掉牛角的目的是防止牛伤人或伤害其他牛。对 30 日龄前的犊牛可用电烙法去角；1～3 月龄的犊牛去角可使用苛性钠或者苛性钾灼烧法；而犊牛较大时，可用凿子或者锯去角。

（3）运动。除特殊生产（如犊牛白肉生产）外，犊牛应该有足够的运动。运动对促进血液循环、改善心肺功能、增加胃肠运动、增强代谢都具有良好的作用。出生后 7～10d 的犊牛都可进入运动场运动，1 月龄前的犊牛每天进行半小时的运动，以后可发展到每天两次，每次 1 小时或者一个半小时，夏天注意防暑。

（4）去势。除特殊生产（如犊牛肉生产）外，对公犊牛要去势。虽然未去势公犊牛的生长速度及饲料利用率均高于去势公牛和母牛，但去势公牛能很好地沉积脂肪，改善牛肉风味。为便于管理，在公犊牛 4～8 月龄以前要对其进行去势。去势的方法包括扎结法、手术法、注射法、去势钳钳夹法、提睾去势法等，应用较多的为去势钳钳夹法和扎结法。

扎结法的操作方法为将睾丸推至阴囊下部，用橡胶皮筋尽可能紧地扎结精索即可。提睾去势法主要用于小牛肉生产。首先把公犊牛的睾丸往腹壁方向推挤，让睾丸贴紧腹壁或者从鼠蹊孔进入腹腔，然后紧贴腹壁或睾丸下端用橡胶圈扎紧阴囊，造成隐睾或提高睾丸温度，使之失去产生精子的能力。

（5）犊牛卫生管理。

①加强卫生打扫和观察：犊牛对生活环境有比较高的要求，因此，必须对圈舍勤加打扫、经常换垫草，保持清洁、干燥、温暖、宽敞和通风。给犊牛喂奶时，观察犊牛食欲、运动、精神；扫地时观察粪便。健康犊牛活动机灵、眼睛明亮、被毛闪光，否则就有生病的可能。如果发现犊牛的眼睛下陷、耳朵下垂、皮肤发紧以及后躯的粪便有一定污染，则可初步判断为肠炎症状。

②洁净：犊牛的饲料和饮用的牛奶不能有发霉变质和冻冰结块现象，更要防止铁钉等金属和粪便杂质的混入。商品饲料必须在保质期内，如果自制饲料要现喂现配；人工喂乳时，奶牛和喂奶的工具在每次使用过后都要清洗干净，保证洁净；每天都要刷洗牛体 1～2 次，保证犊牛不被污水和粪便污染，减少疾病的发生。

③防止舔癖：初生牛犊最好单栏饲养，犊牛每次喂奶完毕，应将犊牛

口鼻处的残奶擦拭干净，如果犊牛已经形成了舔癖，可以在犊牛的鼻梁前装一块小木板进行纠正。除此以外，犊牛单圈饲养法，对于控制犊牛大肠杆菌病的发生、降低脐带炎发生率也都起着重要作用。

④严格消毒：必须建立定期消毒制度，冬季每月1次，夏季每月2～3次，用苛性钠、石灰水等进行全面消毒，消毒范围包括地面、栏杆、墙壁及食槽等。如果发现传染病，应对病死牛所接触过的环境和用具进行彻底消毒。

第四章　家畜疫病的防治实用技术

第一节 家畜传染病的传播过程

一、感染和传染病的概念

病原微生物侵入动物机体，并在一定的部位定居、生长繁殖，从而引起机体一系列的病理反应，这个过程称为感染。感染分为显性感染和隐性感染两种：当病原微生物具有相当的毒力和数量，而机体的抵抗力相对地比较弱时，动物体在临诊上出现一定的症状，这一过程就称为显性感染。如果侵入的病原微生物定居在某一部位，虽能进行一定程度的生长繁殖，但动物不呈现任何症状，亦即动物与病原体之间的斗争处于暂时的、相对的平衡状态，这种状态称为隐性感染。

机体对病原微生物的不同程度的抵抗力称为抗感染免疫，动物对某一病原微生物没有免疫力称为有易感性，病原微生物只有侵入有易感性的机体才能引起感染过程。

凡是由病原微生物引起，具有一定的潜伏期和临诊表现，并具有传染性的疾病，称为传染病。其特征如下：

①传染病是在一定环境条件下由病原微生物与机体相互作用所引起的；②传染病具有传染性和流行性；③被感染的机体发生特异性反应，即在传染发展过程中由于病原微生物的抗原刺激作用，机体发生免疫生物学的改变，产生特异性抗体和变态反应等；④耐过动物能获得特异性免疫；⑤具有特征性的临诊表现，即大多数传染病都具有该种病特征性的综合症状和一定的潜伏期和病程经过。

二、传染病病程的发展阶段

传染病的发展过程在大多数情况下可分为潜伏期、前驱期、明显（发病）期和转归期四个阶段。

（1）潜伏期。由病原体侵入机体并进行繁殖时起，直到疾病的临诊症状开始出现为止，这段时间称为潜伏期。不同的传染病其潜伏期也是不同的。

（2）前驱期。特点是临诊症状开始表现出来；但该病的特征症状仍不明显。

（3）明显（发病）期。前驱期之后，病的特征性症状逐步明显地表现出来，是疾病发展的高峰阶段。

（4）转归期（恢复期）。如果病原体的致病性能增强，或动物体的抵抗力减退，则传染过程以死亡为转归。如果动物体的抵抗力得到改进和增强，则机体便逐步恢复健康，表现为临诊症状逐渐消退，正常的生理机能逐步恢复。

三、家畜传染病流行过程的基本环节

传染病在畜群中蔓延流行，必须具备三个相互连接的条件，即传染源、传播途径和对传染病易感的动物。这三个条件统称为传染病流行过程的三个基本环节。

（一）传染源

传染源是指某种传染病的病原体在其中寄居、生长、繁殖，并能排出体外的动物机体。传染源一般可分为两种类型。

1. 患病动物

病畜是重要的传染源。病畜能排出病原体的整个时期称为传染期。

2. 病原携带者

病原携带者是指外表无症状但携带并排出病原体的动物。一般分为潜伏期病原携带者、恢复期病原携带者和健康病原携带者三类。潜伏期病原携带者是指感染后至症状出现前即能排出病原体的动物。恢复期病原携带者是指在临诊症状消失后仍能排出病原体的动物。健康病原携带者是指过去没有患过某种传染病但能排出该种病原体的动物。

（二）传播途径

病原体由传染源排出后，经一定的方式再侵入其他易感动物所经的途径称为传播途径。从传播方式上可分为直接接触和间接接触传播两种。

1. 直接接触传播

直接接触传播是在没有任何外界因素的参与下，病原体通过被感染的动物（传染源）与易感动物直接接触而引起的传播方式。

2. 间接接触传播

必须在外界环境因素的参与下，病原体通过传播媒介使易感动物发生传染的方式称为间接接触传播。间接接触传播一般通过空气、被污染的饲料和水、被污染的土壤、活的媒介物（主要有节肢动物、人类）而传播。

（三）畜群的易感性

易感性是抵抗力的反面，指家畜对于某种传染病病原体感受性的大小。

1. 畜群的内在因素

不同种类的动物对于同一种病原体表现的临诊反应有很大的差异，这是由遗传性决定的。一定年龄的动物对某些传染病的易感性较高，这和家畜的特异免疫状态有关。

2. 畜群的外界因素

各种饲养管理因素（如饲料质量、畜舍卫生、粪便处理、拥挤、饥饿及隔离检疫等）是疫病发生的重要因素。

3. 特异免疫状态

在某些疾病流行时，畜群中易感性最高的个体易于死亡，余下的家畜或已耐过，或经过无症状传染而获得了特异免疫力，因此疫病流行后该地区畜群的易感性降低，疾病停止流行。此种免疫的家畜所生的后代常有先天性被动免疫，在幼年时期也具有一定的免疫力。

四、影响流行过程的因素

疫病的流行过程根据在一定时间内发病率的高低和传播范围的大小可分为散发性、地方流行性、流行性、大流行等四种表现形式。在传染病的流行过程中，传染源、传播媒介和易感动物这三个环节必须存在于一定的外界环境中，与各种自然现象和社会现象相互联系和相互影响着才能实现。影响流行过程的因素有以下三个方面。

（一）自然因素

对流行过程有影响的主要包括气候、气温、湿度、阳光、雨量、地形、地理环境等。

1. 作用于传染源

一定的地理条件（海、河、高山等）对传染源的转移产生一定的限制，成为天然的隔离条件。当某些野生动物是传染源时，自然因素的影响特别显著，在一定的自然地理环境下往往能形成自然疫源地。

2. 作用于传播媒介

如气温的升降、雨量和云量的多少、日光的照射时间等对传染病的发生都有影响。

3. 作用于易感动物

自然因素对易感动物这一环节的影响首先是增强或减弱机体的抵抗力。如在高气温的影响下，肠道的杀菌作用降低，使肠道传染病增加。

（二）饲养管理因素

畜舍的建筑结构、通风设施、垫料种类等都是影响疾病发生的因素。饲养管理制度对疾病的发生也有很大影响。

（三）社会因素

影响家畜疫病流行过程的社会因素主要包括社会制度、生产力和人民的经济、文化、科学技术水平及贯彻执行法规的情况等。严格执行兽医法规和防治措施是控制和消灭家畜疫病的重要保证。

第二节　家畜传染病的防疫措施

一、防疫工作的基本原则和内容

（一）防疫工作的基本原则

（1）建立和健全各级防疫机构，特别是基层兽医防疫机构，以保证兽医防疫措施的贯彻。

（2）贯彻"预防为主"的方针，搞好饲养管理、防疫卫生、预防接种、检疫、隔离、消毒等综合性防治措施，可提高家畜的健康水平和抗病能力，控制和杜绝传染病的传播，降低家畜的发病率和死亡率。

（二）防疫工作的基本内容

防疫工作的基本内容是综合性的防疫措施，它包括以下两方面内容。

1. 平时的预防措施

（1）加强饲养管理，搞好卫生消毒工作。

（2）拟订和执行定期预防接种和补种计划。

（3）定期杀虫、灭鼠，进行粪便无害化处理。

（4）认真贯彻执行国境检疫、交通检疫、市场检疫和屠宰检验等各项工作以及发现并消灭传染源。

（5）各级兽医机构应调查研究当地疫情分布，有计划地进行消灭和控制，并防止外来疫病的侵入。

2. 发生疫病时的扑灭措施

（1）及时发现、诊断和上报疫情并通知邻近单位做好预防工作。

（2）迅速隔离病畜，污染的地方进行紧急消毒。

（3）以疫苗实行紧急接种，对病畜进行及时和合理的治疗。

（4）死畜和淘汰病畜的合理处理。

二、疫情报告和诊断

（一）疫情的报告

饲养、生产、经营、屠宰、加工、运输畜禽及其产品的单位和个人，发现畜禽传染病或疑似传染病时，必须立即报告当地畜禽防疫检疫机构或乡镇畜牧兽医站。同时要迅速向上级有关领导机关报告，并通知邻近单位及有关部门注意预防工作。上级机关接到报告后，除及时派人到现场协助诊断和紧急处理外，根据具体情况逐级上报。

当家畜突然死亡或怀疑发生传染病时，应立即通知兽医人员。在兽医人员尚未到场或尚未做出诊断之前，应采取下列措施：①将疑似传染病病畜进行隔离，派专人管理；②对病畜停留过的地方和污染的环境、用具进行消毒；③兽医人员未到达前，病畜尸体应保留完整；④未经兽医检查同意，不得随便急宰，病畜的皮、肉、内脏未经兽医检验，不许食用。

（二）疫病的诊断

诊断家畜传染病常用的方法有：临诊诊断、流行病学诊断、病理学诊断、病原学诊断和免疫学诊断。

1. 临诊诊断

临诊诊断是利用人的感官或借助一些最简单的器械如体温计、听诊器等直接对病畜进行检查。

2. 流行病学诊断

（1）本次流行的情况。最初发病的时间、地点、蔓延情况、当前的疫情分布，疫区内各种畜禽的数量和分布情况、发病畜禽和种类、数量、年龄、性别，其感染率、发病率、病死率和死亡率。

（2）疫情来源的调查。

（3）传播途径和方式的调查。

（4）该地区的政治、经济基本情况，畜牧兽医机构和工作的基本情况等。

3. 病理学诊断

患各种传染病而死亡的畜禽尸体，多有一定的病理变化，可作为诊断的依据之一。

4. 微生物学诊断

（1）病料的采集。采集病料的器皿尽可能严格消毒，病料力求新鲜。

（2）病料涂片镜检。

（3）分离培养和鉴定。用人工培养方法将病原体从病料中分离出来。

（4）动物接种试验。将病料用适当的方法进行人工接种，然后根据对不同动物的致病力/症状和病理变化特点来帮助诊断。

5. 免疫学诊断

（1）血清学试验。利用抗原和抗体特异性结合的免疫学反应进行诊断；

（2）变态反应。动物患某些传染病时，可对该病病原体或其产物的再次进入产生强烈反应。

6. 分子生物学诊断

分子生物学诊断又称为基因诊断，在传染病诊断方面具有代表性的技术主要有三大类：核酸探针、PCR 技术和 DNA 芯片技术。

三、隔离和封锁

（一）隔离

隔离病畜和可疑感染的病畜是防制传染病的重要措施之一。根据临床诊断，必要时进行血清学和变态反应检查，将全部受检家畜分为病畜、可疑感染家畜和假定健康家畜等三类。

1. 病畜

包括有典型症状或类似症状，或其他特殊检查阳性的家畜。

2. 可疑感染家畜

未发现任何症状，但与病畜及其污染的环境有过明显的接触。

3. 假定健康家畜

除上述两类外，疫区内其他易感家畜都属于此类。

（二）封锁

当爆发某些重要传染病时，除严格隔离病畜之外，还应采取划区封锁的措施，以防止疫病向安全区散播和健畜误入疫区而被传染。根据我国《动物防疫法》规定的原则，具体措施如下。

1.封锁的疫点应采取的措施

（1）严禁人、畜禽、车辆出入和畜禽产品及可能污染的物品运出。

（2）对病死畜禽及其同群畜禽，县级以上农牧部门有权采取扑杀、销毁或无害化处理等措施，畜主不得拒绝。

（3）疫点出入口必须有消毒设施，疫点内用具、圈舍、场地必须进行严格消毒，疫点内的畜禽粪便、垫草、受污染的草料必须在兽医人员监督指导下进行无害化处理。

2.封锁的疫区应采取的措施

（1）交通要道必须建立临时性检疫消毒卡，备有专人和消毒设备，监视畜禽及其产品移动，对出入人员、车辆进行消毒。

（2）停止集市贸易和疫区内畜禽及其产品的采购。

（3）未污染的畜禽产品必须运出疫区时，需经县级以上农牧部门批准，在兽医防疫人员监督指导下，经外包装消毒后运出。

（4）非疫点的易感畜禽，必须进行检疫或预防注射。

3.受威胁区及其应采取的主要措施

（1）对受威胁区内的易感动物应及时进行预防接种，以建立免疫带。

（2）管好本区易感动物，禁止出入疫区，并避免饮用疫区流过来的水。

（3）禁止从封锁区购买牲畜、草料和畜产品。

（4）对设于本区的屠宰场、加工厂、畜产品仓库进行兽医卫生监督，拒绝接受来自疫区的活畜及其产品。

（5）解除封锁：疫区内最后一头病畜禽扑杀或痊愈后，经过该病一个潜伏期以上的检测、观察、未再出现病畜禽时，经彻底消毒清扫，由县级以上农牧部门检查合格后，经原发布封锁令的政府发布解除封锁后，并通报毗邻地区和有关部门。

四、消毒、杀虫、灭鼠

（一）消毒

根据消毒的目的，分为预防性消毒、随时消毒、终末消毒三种情况，在防疫工作中比较常用的消毒方法如下。

1. 机械性清除

如清扫、洗刷、通风等清除病原体。

2. 物理消毒法

（1）阳光、紫外线和干燥。

（2）高温。如火烧、煮沸、蒸汽等消毒。

3. 化学消毒法

化学消毒法是用化学药品的溶液来进行消毒，通常采用对该病原体消毒力强、对人畜的毒性小、不损害被消毒的物体、易溶于水、在消毒的环境中比较稳定、不易失去消毒作用、价廉易得和使用方便的消毒剂。常用的有氢氧化钠（烧碱）生石灰、漂白粉、来苏儿、新洁尔灭、福尔马林等。

4. 生物热消毒

生物热消毒主要用于污染的粪便的无害化处理。在粪便堆沤过程中，利用粪便中的微生物发酵产热，温度可达70℃以上，可杀死病毒、病菌、寄生虫卵等而达到消毒的目的。

（二）杀虫

虻、蝇、蚊、蜱等节肢动物都是家畜疫病的重要传播媒介，因此，杀灭这些媒介昆虫和防止它们的出现，对于预防和扑灭家畜疫病有重要的意义。

1. 物理杀虫法

物理杀虫法通常用火烧、加热、沸水及蒸汽、机械的拍打等。

2. 生物杀虫法

生物杀虫法以昆虫的天敌或病菌及雄虫绝育技术等方法以杀灭昆虫。

3. 药物杀虫法

药物杀虫法应用化学杀虫剂来杀虫，常用的杀虫剂有有机磷杀虫剂、敌百虫、倍硫磷等。

（三）灭鼠

鼠类是很多人畜传染病的传播媒介和传染源，灭鼠对保护人畜健康和保护国民经济建设有重大意义。灭鼠的方法大体上有以下两种。

1. 器械灭鼠法

器械灭鼠法是利用各种工具以不同方式扑杀鼠类，如夹、扣、挖等。

2. 药物灭鼠法

依据毒物进入鼠体途径可分为消化道药物和熏蒸药物两类。消化道药物主要有磷化锌、杀鼠灵、安妥等，熏蒸药物包括氯化苦、灭鼠烟剂等。

五、免疫接种和药物预防

免疫接种是激发动物机体产生特异性抵抗力，使易感动物转化为不易感动物的一种手段。药物预防是为了预防某些疫病，在畜群的饲料饮水中加入某种安全的药物进行集体的化学预防，在一定时间内可以使受威胁的易感动物不受疫病的危害。

（一）预防接种

在经常发生某些传染病的地区，或有某些传染病潜在的地区，或受到邻近地区某些传染病经常威胁的地区，为了防患于未然，在平时有计划地给健康畜群进行的免疫接种，称为预防接种。根据所用生物制剂的品种不同，采用皮下、皮内、肌肉注射或皮肤刺种、点眼、滴鼻、口服等不同的接种方法，接种后经一定时间可获得数月至一年以上的免疫力。

在进行预防接种过程中应注意以下问题：①根据对当地传染病的发生和流行情况的调查了解，要拟定每年的预防接种计划；②注意预防接种后家畜禽产生的不应有的不良反应或剧烈反应；③注意几种疫苗联合使用后可能产生的影响，从而改进防疫方法；④因传染病的不同，需要根据各种疫菌苗的免疫特性来合理制订预防接种的次数和间隔时间，即合理的免疫程序。

（二）紧急接种

紧急接种是在发生传染病时，为了迅速控制和扑灭疫病的流行，而对疫区和受威胁区尚未发病的畜禽进行的应急性免疫接种（在疫区应用疫苗作紧急接种时，必须对所有受到传染威胁的畜禽逐头进行详细观察和检查，仅能对正常无病的畜禽以疫苗进行紧急接种）。疫区和受威胁区的大小视疫病的性质而定，而这一措施必须与疫区的封锁、隔离、消毒等综合措施相配合才能取得较好的效果。

（三）药物预防

畜牧场可能发生的疫病种类很多，防制这些疫病，除了加强饲养管理、搞好检疫诊断、环境卫生和消毒工作外，应用药物防治也是一项重要措施。群体化学预防和治疗是防疫的一个较新途径，某些疫病在具有一定条件时采用此种方法可以收到显著的效果（群体是指包括没有症状的动物在内的畜群单位）。群体防治应使用安全而价廉的化学药物，最早大规模使用的是用于牛群灭蜱和羊群灭疥的药浴，之后发展了以安全药物加入饲料和饮水中进行的群体化学预防，即保健添加剂。但由于长期使用化学药物预防容易产生耐药性菌株，影响防治效果，因此目前在某些国家倾向于以疫（菌）苗来防制这些疾病，而不主张采用药物预防的方法。

第五章　畜禽粪便污染物的控制实用技术

第一节　畜禽粪便污染物的产生与处理原则

一、畜禽粪便污染物的产生

畜禽粪便污染物是指畜禽养殖过程中产生的废弃物，包括粪、尿、垫料、冲洗水、饲料残渣和臭气等。由于废弃物中垫料和饲料残渣所占比重很小，臭气产生后即挥发，粪污中的这些物质将暂不予考虑，本书主要考虑畜禽粪、尿及其与冲洗水形成的混合物。

（一）畜禽粪便污染物的形成

1. 粪的形成

动物采食饲料，摄入的水、蛋白质、矿物质、维生素等营养物质在动物消化道内经过物理、化学、微生物等一系列消化作用后，将大分子有机物质分解为简单的、在生理条件下可溶解的小分子物质，经过消化道上皮细胞吸收而进入血液或淋巴，通过循环系统运输到全身各处，被细胞所利用。

动物饲料中的营养物质并不能全部被动物体消化和吸收利用。动物消化饲料中营养物质的能力称动物的消化力。动物种类不同、消化道结构和功能亦不同，对饲料中营养物质的消化既有共同的规律，也存在不同之处。

各种动物对饲料的消化方法无外乎物理性消化、化学性消化和微生物消化。物理性消化主要靠动物口腔内牙齿和消化道管壁的肌肉运动把饲料撕碎、磨烂、压扁，为胃肠中的化学性消化、微生物消化做好准备；化学性消化主要是借助来源于唾液、胃液、胰液和肠液的消化酶对饲料进行消化，将饲料变成动物能吸收的营养物质，反刍与非反刍动物都存在着酶的消化，但是非反刍动物酶的消化具有特别重要的作用；微生物消化对反刍动物和草食单胃动物十分重要，反刍动物的微生物消化场所主要在瘤胃，其次在盲肠和大肠，草食单胃动物的微生物消化主要在盲肠和大肠，消化道微生物是这些动物能大量利用粗饲料的根本原因。

当然，各类动物的消化也各具特点。非反刍动物，主要有猪、马、兔等，其消化特点主要是酶的消化，微生物消化较弱；猪饲粮中的粗纤维主要靠大肠和盲肠中微生物发酵消化，消化能力较弱；反刍动物，主要有牛、羊，其消化特点是前胃（瘤胃、网胃、瓣胃）以微生物消化为主，主要在瘤胃内进行，饲料在瘤胃经微生物充分发酵，其中，70% ～ 85% 的干物质和 50% 的粗纤维在瘤胃内消化，皱胃和小肠的消化与非反刍动物类似，主要是酶的消化；禽类对饲料中养分的消化类似于非反刍动物猪的消化，不同的是禽类口腔中没有牙齿，靠喙采食饲料，喙也能撕碎大块食物。禽类的肌胃壁肌肉坚厚，可对饲料进行机械磨碎，肌胃内的沙粒更有助于饲料的磨碎和消化。禽类的肠道较短，饲料在肠道中停留时间不长，所以酶的消化和微生物的发酵消化都比猪的弱。未消化的食物残渣和尿液，通过泄殖腔排出。

饲料中未被消化的剩余残渣，以及机体代谢产物和微生物等在大肠后段形成粪便。粪中所含各种养分并非全部来自饲料，有少量来自消化道分泌的消化液、肠道脱落细胞、肠道微生物等内源性产物。

2. 尿的形成

动物生存过程中，水是一种重要的营养成分。动物体内的水分布于全身各组织器官及体液中，细胞内液约占 2/3，细胞外液约占 1/3，细胞内液和细胞外液的水不断进行交换，维持体液的动态平衡。不同动物体内水的周转代谢的速度不同，用同位素氚测得牛体内一半的水 3.5 天更新一次。非反刍动物因胃肠道中含有较少的水分，周转代谢较快。各种动物水的周转受环境因素（如温度、湿度）及采食饲料的影响。采食盐类过多，饮水量增加，水的周转代谢也加快。

尿液是动物排泄水分的重要途径，通常随尿液排出的水可占总排水量的一半左右。消化系统吸收的水分、矿物质、消化产物等通过循环系统运输到全身各处，细胞产生的代谢废物（主要有水分、尿素、无机盐等）通过泌尿系统形成尿液，排出体外。尿液排出的物质一部分是营养物质的代谢产物；另一部分是衰老的细胞破坏时所形成的产物，此外，排泄物中还包括一些随食物摄入的多余物质，如多余的水和无机盐类。动物摄入水量增多，尿的排出量则增加。动物的最低排尿量取决于必须排出溶质的量及肾脏浓缩尿液机制的能力。不同动物由尿排出的水分不同。禽类排出的尿液较浓，水分较少；大多数哺乳动物排出的水分较多。

3. 冲洗水

冲洗水是畜禽养殖过程中清洁地面粪便和尿液而使用的水，冲洗水与被冲洗的粪便和尿液形成混合物进入粪污处理系统。冲洗水的使用量与畜禽粪污的清理方式有关，目前主要清理方式有干清粪、水冲清粪和水泡粪。干清粪是采用人工或机械方式从畜禽舍地面收集全部或大部分的固体粪便，地面残余粪尿用少量水冲洗，冲洗水量相对较少。

水冲清粪是从粪沟一端的高压喷头放水清理粪沟中粪尿的清粪方式。水冲清粪可保持猪舍内的环境清洁、劳动强度小，但耗水量大且污染物浓度高，一个万头猪场每天耗水量在 $200 \sim 250m^3$，粪污化学需氧量（COD）在 $15\,000 \sim 25\,000mg/L$，悬浮固体（SS）在 $17\,000 \sim 20\,000mg/L$。

水泡粪主要用于生猪养殖，是在猪舍内的排粪沟中注入一定量的水，粪尿、冲洗水和饲养管理用水一并排放缝隙地板下的粪沟中，贮存一定时间后，打开出口的闸门，将沟中粪水排出。水泡粪比水冲粪工艺节省用水，但是由于粪污长时间在猪舍中停留，形成厌氧发酵，产生大量的有害气体，如 H_2S（硫化氢），CH_4（甲烷）等，恶化舍内空气环境，危及动物和饲养人员的健康。粪污的有机物浓度更高，后处理也更加困难。

（二）畜禽粪便污染量的影响因素

畜禽粪污由粪便、尿液以及冲洗水组成，因此，任何影响粪便、尿液和冲洗水量的因素也势必影响粪污的产生量。

1. 粪便量的影响因素

由于粪便由饲料中未被消化的剩余残渣、机体代谢产物和微生物等组成，因此，凡是影响动物消化生理、消化道结构及其机能和饲料性质的因素，都会影响粪便量。

（1）畜禽种类、年龄和个体差异。不同种类的畜禽，由于消化道的结构、功能、长度和容积不同，因而对饲料的消化力不一样。一般来说，不同种类动物对粗饲料的消化率差异较大，牛对粗饲料的消化率最高，其次是羊，猪较低，而家禽几乎不能消化粗饲料中的粗纤维。

畜禽从幼年到成年，消化器官和机能发育的完善程度不同，对饲料养分的消化率也不一样。蛋白质、脂肪、粗纤维的消化率随动物年龄的增加而呈上升趋势，但老年动物因牙齿衰残，不能很好磨碎食物，消化率又逐渐降低。同一品种、相同年龄的不同个体，因培育条件、体况、用途等不同，对同一种饲料养分的消化率也有差异。

畜禽处于空怀、妊娠、哺乳、疾病等不同的生理状态，对饲料养分的消化率也有影响。一般而言，空怀和哺乳状态动物的消化率比妊娠动物好，健康动物对饲料的消化率比生病动物要好。

（2）饲料种类及其成分。不同种类和来源的饲料因养分含量及性质不同，可消化性也不同。一般幼嫩青绿饲料的可消化性较高，干粗饲料的可消化性较低；作物籽实的可消化性较高，而茎秆的可消化性较低。饲料的化学成分以粗蛋白质和粗纤维对消化率的影响最大。饲料中粗蛋白质愈多，消化率愈高；粗纤维愈多，则消化率愈低。

饲料中的抗营养物质有：影响蛋白质消化的抗营养物质或营养抑制因子有蛋白质酶抑制剂、凝结素、皂素（皂苷）、单宁、胀气因子等；影响矿物质消化利用的有植酸、草酸、棉酚等，如饲料中磷与植酸结合形成植酸磷，猪缺乏植酸酶，很难对其进行消化，因此，植物性饲料中的大多数磷都通过粪便形式排出；影响维生素消化利用的抗营养物质有脂肪氧化酶、双香豆素、异咯嗪。各种抗营养因子都不同程度地影响饲料消化率。

（3）饲料的加工调制和饲养水平。饲料加工调制方法对饲料养分消化率均有不同程度的影响。适度磨碎有利于单胃动物对饲料干物质、能量和氮的消化；适宜地加热和膨化可提高饲料中蛋白质等有机物质的消化率。粗饲料用酸碱处理有利于反刍动物对纤维性物质的消化；凡有利于瘤胃发酵和微生物繁殖的因素，皆能提高反刍动物对饲料养分的消化率。

饲养水平过高或过低均不利于饲料的转化。饲养水平过高，超过机体对营养物质的需要，过剩的物质不能被机体吸收利用，反而增加畜禽能量的消耗，如蛋白质每过量1%，可供猪利用的有效能量相应减少约1%。相反，饲养水平过低，则不能满足机体需要而影响其生长和发育。以维持水平或低于维持水平饲养，饲料养分消化率最高，而超过维持水平后，随饲养水平的增加，消化率逐渐降低。饲养水平对猪的影响较小，对草食动物的影响较明显。

2. 尿量的影响因素

畜禽的排尿量受品种、年龄、生产类型、饲料、使役状况、季节和外界温度等因素的影响，任何因素变化都会使动物的排尿量发生变化。

（1）动物种类。不同种类的动物，其生理和营养物质特别是蛋白质代谢产物不同，从而影响排尿量。猪、牛、马等哺乳动物，蛋白质代谢终产物主要是尿素，这些物质停留在体内对动物有一定的毒害作用，需要大量的水分稀释，并使其适时排出体外，因而产生的尿量较多；禽类体蛋白质代谢终产物主要是尿酸或胺，排泄这类产物需要的水很少，因而产生的尿量较少，成年鸡昼夜排尿量 60 ～ 180ml。某些病理原因常可使尿量发生显著的变化。

（2）饲料。就同一个体而言，动物尿量的多少主要取决于机体所摄入的水量及由其他途径所排出的水量。在适宜环境条件下，饲料干物质采食量与饮水量高度相关，食入水分十分丰富的牧草时动物可不饮水，尿量较少；食入含粗蛋白质高的饲粮，动物需水量增加，以利于尿素的生成和排泄，尿量较多。出生哺乳动物以奶为生，奶中高蛋白含量的代谢和排泄使尿量增加。饲料中粗纤维含量增加，因纤维膨胀、酵解及未消化残渣的排泄，使需水量增加，继而尿量增加。另外，当日粮中蛋白质或盐类含量高时，饮水量加大，同时尿量增多；有的盐类还会引起动物腹泻。

（3）环境因素。高温是造成畜禽需水量增加的主要因素，最终影响排尿量。一般当气温高于 30℃，动物饮水量明显增加，低于 10℃时，需水量明显减少。气温在 10℃以上，采食 1kg 干物质需供给 2.1kg 水；当气温升高到 30℃以上时，采食 1kg 干物质需供给 2.8 ～ 5.1kg 水；产蛋母鸡当气温从 10℃以下升高到 30℃以上时，饮水量几乎增加两倍。虽然高温时动物体表或呼吸道蒸发散热增加，但是，尿量也会发生一定的变化。外界温度高、活动量大的情况下，由肺或皮肤排出的水量增多，导致尿量减少。

3. 冲洗水量影响因素

冲洗水量主要取决于畜禽舍的清粪方式。

（1）清粪方式。不同清粪方式的冲洗用水量差别很大，对于猪场，如果采用发酵床养猪生产工艺，生产过程中的冲洗用水量很少、甚至不用水冲洗；但是如果采用水冲清粪工艺，畜禽排泄的粪尿全部依靠水冲洗进行收集，冲洗用水量很大。对于鸡场，采用刮粪板或清粪带清粪，只在鸡出栏后集中清洗消毒，冲洗水量也很少。

（2）降温用水。虽然降温用水与冲洗并无关联，但不少养殖场在夏季通过冲洗动物体实现降温，冲洗水也将成为粪污的一部分，这也是一些猪场夏季污水量显著增加的一个重要原因。

二、畜禽粪便污染物对生态环境的影响

（一）对水体环境的影响

畜禽粪尿中所含的大量 N、P 和药物添加剂的残留物，是生态环境破坏的主要污染源。未经处理粪尿中的 N、P 直接排入或通过淋洗、流失进入江河、湖泊或地下水中，造成污染。

1. 造成水体富营养化

畜禽粪便中的磷排入江河湖泊后，一方面导致水中的藻类和浮游生物大量繁殖，产生多种有害物质；另一方面使水中固体悬浮物、COD、BOD升高，造成水体富营养化，导致水体缺氧，使鱼类等水生动物窒息死亡，水体腐败变质。研究表明，对于湖泊、水库等封闭性或半封闭性水域，当水体内无机总氮含量大于 0.2mg/L、磷酸态磷的质量浓度大于 0.01mg/L 时，就有可能引起藻华现象的发生。

2. 造成地下水污染

将畜禽粪便堆放或作为粪肥施入土壤，部分氮、磷不仅随地表水或水土流失流入江河、湖泊污染地表水，且会渗入地下污染地下水。畜禽粪便污染物中有毒、有害成分进入地下水中，会使地下水溶解氧含量减少，水质中有毒成分增多，严重时使水体发黑、变臭、失去使用价值。畜禽粪便一旦污染了地下水，将极难治理恢复，造成较持久性的污染。硝酸盐如转化为致癌物质污染了地下水中的饮用水源，将严重威胁人体健康，而且受到污染的地下水通常需要 300 年才能自然恢复。密云水库平水期养猪场地下水中的硝酸盐含量为 46.8mg/L，超标 1.34 倍，总硬度超标 0.33 倍；

丰水期猪场地下水中的硝酸盐含量为 44.7mg/L，超标 1.24 倍，总硬度超标 0.27 倍。水体中重金属含量由于畜禽粪污影响，排污口附近水体中 Cu、Zn、Cd、Ph 等含量都有明显增加。

（二）对土壤环境的影响

粪污未经无害化处理直接进入土壤，粪污中的蛋白质、脂肪、糖等有机质将被土壤微生物分解，其中含氮有机物被分解为氨、胺和硝酸盐，氨和胺可被硝化细菌氧化为亚硝酸盐和硝酸盐；糖和脂肪、类脂等含碳有机物最终被微生物降解为 CO_2 和 H_2O，从而通过土壤得到自然净化。如果污染物排量超过了土壤本身的自净能力，便会出现降解不完全和厌氧腐解，产生恶臭物质和亚硝酸盐等有害物质，引起土壤的组成和性状发生改变，破坏其原有的基本功能；导致土壤孔隙堵塞，造成土壤透气、透水性下降及板结，严重影响土壤质量；作物徒长、倒伏、晚熟或不熟造成减产，甚至毒害作物使之出现大面积死亡或枝干叶腐烂。此外，土壤虽对各种病原微生物有一定的自净能力，但进程较慢，且有些微生物还可生成芽孢，更增加了净化难度，故也常造成生物污染和疫病传播。

畜禽粪便养分对土壤的污染包括其氮、磷养分，微量元素及粪便中残留的激素、抗生素、兽药等污染物。钙、磷、铜、铁、锌、锰等矿质元素是动物营养所必需的，但畜禽对这些元素的吸收利用率只有 5%～15%，剩余的绝大部分通过粪便直接排出体外。长年过量施用矿质元素含量偏高的粪肥，将导致土壤重金属累积，直接危及土壤功能，降低农作物品质。

（三）对大气环境的影响

畜禽养殖场产生的恶臭、粉尘和微生物排入大气后，可通过大气的气流扩散、稀释、氧化和光化学分解、沉降、降水溶解、地面植被和土壤吸附等作用而得到净化（自净），但当污染物排放量超过大气的自净能力时，将对人和动物造成危害。据测定，一个年产 10.8 万头的猪场，每小时可向大气排放 $159kgNH_4$、$14.5kgH_2S$、25.9kg 粉尘和 15 亿个菌体，这些物质的污染半径可达 4.5～5.0km。

（1）恶臭的影响。畜禽对蛋白质饲料的利用率较低，未消化的饲料养分以畜禽粪便形式排出。这些粪便厌氧发酵产生大量氨气和 H_2S 等臭味气体。畜禽粪便中含有 H_2S、氨等有害气体，若未及时清除或清除后不能及时处理，将会使臭味成倍增加，产生甲基硫醇、二甲二硫醚、甲硫醚、二甲胺及多种低级脂肪酸等有恶臭的气体，造成空气中含氧量相对下降，污浊度升高，轻则降低空气质量、产生异味妨碍人畜健康生存；重则引起呼吸道系统的疾病，造成人畜死亡。

（2）尘埃和微生物的影响。由畜禽养殖场排出的大量粉尘携带数量和种类众多的微生物，并为微生物提供营养和庇护，大大增强了微生物的活力和延长了其生存时间。这些尘埃和微生物可随风传播 30km 以上，从而扩大了其污染和危害的范围。尘埃污染使大气可吸入颗粒物增加，恶化了养殖场周围大气和环境的卫生状况，使人和动物的眼和呼吸道疾病发病率提高；微生物污染可引起口蹄疫和大肠埃希菌、炭疽、布氏杆菌、真菌孢子等疫病的传播，危害人和动物的健康。

（3）温室效应。畜禽粪便产生的大量 CH_4、CO_2 是重要的温室气体，CH_4 对全球气候变暖的增温贡献率达 15%，其中畜禽养殖业对 CH_4 的排放量最大。全球畜禽粪便 CH_4 年排放量为 8 000 万～13 000 万吨/年，其中我国动物粪便 CH_4 排放量占 5% 左右。

（四）对人体健康和畜牧业发展的影响

畜禽粪便没有经过及时、有效地无害化处理，将导致畜禽生长环境变劣，疾病发生率提高，从而导致大量抗生素、兽药使用，进而造成一些没有分解和排出体的抗生素、兽药等残留在畜禽体内，严重影响畜禽生产性能，造成畜禽产品污染。张汉云研究表明，动物在反复接触某种抗菌药物的情况下，其体内的敏感菌将受到抑制，导致病原菌产生耐药性。消费者经常食用低剂量药物残留的食品，可对胃肠的正常菌群产生不良影响，一些敏感菌受到抑制或被杀死，菌群的生态平衡受到破坏，影响人体健康。

畜禽粪便含有大量的病原微生物、寄生虫卵及滋生的蚊蝇，会使环境中病原种类增多、菌量增大，出现病原菌和寄生虫的大量繁殖，造成人、畜传染病的蔓延。猪丹毒、副伤寒、马鼻疽、布鲁菌病、炭疽病、钩端螺旋体病和土拉菌都是水传疾病，口蹄疫、鸡新城疫也可以通过胃肠道传播。畜禽粪便中潜在的病原微生物见表 5-1。

表 5-1　畜禽粪便中潜在的病原微生物

类别	病原种类
鸡粪	丹毒丝菌、李斯特菌、禽结核杆菌、白假丝酵母菌、梭菌、可棒杆菌、金黄色葡萄球菌、沙门菌、烟曲霉、鹦鹉热衣原体、鸡新城疫病毒等
猪粪	猪霍乱沙门菌、猪伤寒沙门菌、猪巴斯德菌、猪布鲁菌、铜绿假单胞菌、李斯特菌、猪丹毒丝菌、化脓棒杆菌、猪链球菌、猪瘟病毒、猪水泡病毒等
马粪	马放线杆菌、沙门菌、马棒杆菌、李斯特菌、坏死杆菌、马巴斯德菌、马腺疫链球菌、马流感病毒、马隐球酵母等
牛粪	魏氏梭菌、牛流产布鲁菌、铜绿假单胞菌、坏死杆菌、化脓棒杆菌、副结核分枝杆菌、金黄色葡萄球菌、无乳链球菌、牛疱疹病毒、牛放线菌、伊氏放线菌等
羊粪	羊布鲁菌、炭疽杆菌、破伤风梭菌、沙门菌、腐败梭菌、绵羊棒杆菌、羊链球菌、肠球菌、魏氏梭菌、口蹄疫病毒、羊痘病毒等

据分析，规模养殖场排放的污水中平均含大肠埃希菌 33 万个 /ml、肠球菌 69 万个 /ml；沉淀池内污水中蛔虫和毛首线虫卵高达 193 个 /L、106 个 /L，在这样的环境中仔猪（鸡）成活率低、育肥猪增重慢、蛋鸡产蛋少、料肉（蛋）比增高，猪瘟、鸡瘟、猪丹毒、痢疾、皮肤病等发病率增高。据对局部环境污染较为严重的规模化养猪场调查，其仔猪黄痢、白痢、传染性胃肠炎、支原体病及猪蛔虫病的发病率可高达 50% 以上，不仅影响畜禽生产力水平和经济效益，还威胁畜禽的生存条件。尤其是人畜共患病的疫情发生会给人畜带来灾难性危害。

三、畜禽粪便污染物防治的基本原则

（一）资源化原则

畜禽粪污中富含农作物生长所需要的氮、磷等养分，因此，不应总是将其视为废弃物，如果利用得当，它也是很好的农业资源。畜禽粪污经过适当的处理后，固体部分可通过堆肥好氧发酵生产有机肥、液体部分可作为液体肥料，不仅能改良土壤和为农作物生长提供养分，而且能大大降低粪污的处理成本，缓解环保压力。因此，优先选择对养殖废弃资源进行循环利用，发展有机农业，通过种植业和养殖业的有机结合，实现农村生态效益、社会效益、经济效益的协调发展。

据专家预测，未来 10 年我国有机农业生产面积以及产品生产年均增长将在 20% ～ 30%，在农产品生产面积中占有 1.0% ～ 1.5% 的份额，有机农产品生产对以畜禽粪便为原料的有机肥将有很大的市场需求。

当然需要注意的是，基于养殖污水的液体肥料，由于运输比较困难，且成本较高，提倡就近利用。因此，要求养殖场周围具有足够的农田面积，不仅如此，由于农业生产中的肥料使用具有季节性，应有足够的设施对非施肥季节的液体肥料进行贮存。对液体肥料的农业利用，要制订合理的规划并选择适当的施用技术和方法，既要避免施用不足导致农作物减产，也要避免施用过量而给地表水、地下水和土壤环境带来污染，实现养殖粪污资源化与环保效益双赢。

（二）减量化原则

鉴于畜禽养殖污染源点多面广数量大的特点，在畜禽粪便污染治理上，要特别强调减量化优先原则，即通过养殖结构调整及开展清洁生产减少畜禽粪污的产生量。通过降低日粮中营养物质（主要是氮和磷）的浓度、提高日粮中营养物质的消化利用、减少或禁止使用有害添加物以及科学合理的饲养管理措施，减少畜禽排泄物中氮、磷养分及重金属的含量。例如，目前多数饲料的蛋白质含量都大大超过猪的需要量，将日粮蛋白质含量从18%降到16%，将使育肥猪的氮排泄量减少15%，荷兰商品化的微生物植酸酶添加后，可使猪对磷的消化率提高23%～30%。在各国的饲养标准中铜仅为3～8mg/kg，但饲料中添加125～250mg/kg的铜对猪有很好的促生长作用。由于目前主要是以无机形式作为铜源，它在消化道内吸收率低。一般成年动物对日粮铜的吸收率不高于5%～10%，幼龄动物不高于15%～30%，高剂量时的吸收率更低。为了减少高铜添加剂的使用，目前可以考虑使用有机微量元素产品如蛋氨酸锌和赖氨酸铜等，按照相应需要量的一半配制日粮，猪的生长性能并不降低，且粪铜、锌排泄量可减少30%左右，或使用卵黄抗体添加剂、益生素、寡糖、酸化剂等替代添加剂。

从养殖场生产工艺上改进，采用用水量少的干清粪工艺，以减少污染物的排放量，降低污水中的污染物浓度，降低处理难度及处理成本。畜禽粪便的含水量约为85%，现代化养猪（牛）场，运用机械化清粪工艺，进入集粪池的粪尿含水率大于95%。因此可以通过多种途径如干湿分离、雨污分离、饮排分离等科学手段和方法，减少粪便污水的数量及利用和处理难度，以利在此基础上实施资源再生利用。

（三）生态化原则

解决畜禽养殖业污染的根本出路是确立可持续经济的思想，发展生态型畜牧业，即将整个畜禽养殖业纳入大农业、整体农业的生产体系或全盘规划之中，以促进城市郊区和农村整个种植业、养殖业的平衡及其良性循环。

使城市郊区和农村畜禽养殖规模及其粪便产生量，处于城市郊区和农村土地总量土壤吸收、种植业牧场自然吸收，净化能力控制范围内，环境容量承受力范围内，从而使动植物间相得益彰，形成良性循环，走可持续发展之路。这就要求畜禽养殖业充分利用自然生态系统，在饲养规模上以地控畜，合理布局，让畜牧业回归大农业，并使之与种植业紧密结合，以畜禽粪便肥养土地，以农养牧，以牧促农，实现系统生态平衡。尤其在绿色食品、有机农业呼声日益高涨的今天，加强农牧结合，不仅可减轻畜禽粪便对环境的污染，还可提高土壤有机质含量，提高土壤肥力，进而提高农产品质量，实现农业可持续发展，获得较高效益，真正实现种、养生态平衡。

（四）无害化原则

畜禽粪便污染的治理不管运用什么手段，不管其最终走向何处，都有一个大原则要遵循，即其处理手段、过程、最终质量标准，都必须符合"无害化"的要求。

因为畜禽粪便中含有大量的病原体，会给人畜带来潜在的危害。故在利用或排放之前必须进行无害化处理并达到无害化标准，使其在利用时不会对牲畜的健康生长产生不良影响，不会对作物产生不利的因素，排放的污水和粪便不会对人的饮用水构成危害。

实现畜禽粪便污染治理无害化的目标，必须全面推广畜禽废物治理的最新技术，严格控制畜禽养殖业污染源，并注意以防治水环境污染为主，兼顾空气污染和土壤污染防治。达此标准，需强调达标排放，严格执法，充分运用行政、经济、法律、科技和教育的手段，确保治污效果，以促进都市型现代化农业的高效、优质和生态性发展。

第二节　畜禽粪便污染物的减量排放控制技术

一、完善设施设备

畜禽养殖场是集中饲养畜禽和组织畜禽生产的场所，是畜禽的重要外界环境条件之一。为了有效地组织畜禽场的生产，必须根据农、林、牧全面发展，相互结合、节约耕地、有利于畜禽健康和提高生产力的原则，进行综合规划，应正确选择场地，并在其上按最佳的生产联系和卫生要求等配置有关建筑物，对于合理利用自然和社会经济条件、最有效地进行畜禽业生产、保证良好的兽医卫生条件、合理利用土地及促进生态平衡均有重要的意义。因此，畜禽场的设置，要从场址选择、场内规划布局、场区公共卫生防护设施等方面进行考虑，尽量做到完善合理。

适度规模、合理规划是防止畜禽粪便污染的重要途径。一方面小规模分散饲养不仅不利于提高经济效益，而且使污染的面扩大而难以治理；另一方面畜禽场的选址应予以总体规划，在人口稠密区和环境敏感区应严格限制发展畜禽场，对已有的畜禽场应加强污染治理，并逐步进行搬迁。如英国是个基本无畜产公害的国家，虽然其人口和工业比较集中，但畜牧业远离大城市，与农业生产紧密结合，经过处理后的畜禽粪便全部作为肥料，既避免了环境污染又增加了土壤肥力。

（一）科学选址建场

养殖场合理规划和选址是解决畜禽污染的根本所在。养殖场要逐步从近郊向远郊、山区转移；禁止在水源保护区、风景名胜区等区域内建设畜禽养殖场；新建养殖场应选建在周围有足够的农田、鱼塘、果园、苗圃等地区，以便农牧结合，实现粪便就地处理和利用。

在选择畜禽场的场址时，应根据其经营方式、生产特点、饲养管理方式以及生产集约化程度等基本特点，对地势、地形、土质、水源，以及居民点的配置、交通、电力、物资供应进行全面的考虑。

（1）对于新建的畜禽场应当选择地势高燥、远离沼泽的地方，至少高出当地历史洪水的水位线以上，其地下水位应在2m以下，这样的地势，可以避免雨季洪水的威胁和减少因土壤毛细管水上升而造成的地面潮湿，且应符合环境保护的要求，符合当地土地利用发展规划和村镇建设发展规划的要求，不能在规定的禁养区内选址。

（2）场址以选择在沙壤土类地区较为理想，水量充足、水质良好，便于防护，以保证水源水质经常处于良好状态，不受周围条件的污染，且取用方便。还应特别重视供电条件，为了保证生产的正常进行，减少供电投资，应靠近输电线路，以尽量缩短新线敷设距离，并应有备用电源。

（3）场址地势要向阳避风，以保持场内小气候温热状况能够相对稳定，减少冬春风雪的侵袭，特别是避开西北方向的山口和长形谷地。

（4）场址地面要平坦而稍有坡度，以便排水，防止积水和泥泞。地面坡度以1°～3°较为理想，最大不得超过25°。坡度过大，建筑施工不便，且会因为雨水的长年冲刷而使场区坎坷不平。

（5）场址地形要开阔整齐。场地不要过于狭长或边角太多，因为场地狭长会影响建筑物的合理布局，拉长了生产作业线，同时也使场区的卫生防疫和生产联系不便，而边角太多则会增加场区防护设施的投资。

（6）场址要求交通便利，但为了防疫卫生，场界距离干线不少于500m，距居民区和其他畜禽饲养场不少于1000m，距离畜产品加工厂不少于1000m。场址应根据当地常年主导风向，位于居民区及公共建筑群的下风向或侧风向处。

（7）场区的面积要根据饲养畜禽的种类、饲养管理方式、集约化程度、饲料供应情况等因素确定，还应根据发展留有余地，且应考虑职工生活福利区所需的面积。

为了控制畜禽粪便过量施用导致氮、磷等污染物污染地下水和土壤，许多国家都制定了相应的法规来控制养殖规模。一般情况下，发达国家对畜禽养殖负荷的控制有两种方法：一种是限制养殖规模（头或只数），另一种是限制单位土地面积的施肥量。如英国的经验是限制办大型的畜牧场，一个畜牧生产场的家畜最高头数限制指标为：奶牛200头、肉牛1000头、种猪500头、肥猪3000头、绵羊1000只、蛋鸡70 000只。

土地施用量的限制包括每公顷土地施用的畜禽粪便量和施肥方式以及氮、磷含量等。如意大利规定每公顷耕地上可使用畜禽粪便最多为 4t；丹麦规定对奶牛粪便最大用量不超过每公顷 2.5 头奶牛的粪便，且粪便施入农田后应立即混合到土内，裸露时间不得超过 12h，并且不得在冻土上施粪。德国对氮的控制是每公顷 240kg；而法国规定氮、磷施用量不能超过每公顷 150kg 和 100kg。因此，对筹建规模化养殖场的企业，应要求其配有消纳粪便和污水的土地，并根据场区土地的畜禽粪便消纳能力，确定新建畜禽养殖场的养殖规模。对于无相应消纳土地的养殖场，要求必须配有相应处理能力的粪便和污水处理设施。

（8）场地应充分利用自然地形地物，如利用原有的林带树木、山岭、沟谷等作为场界的天然屏障；场址周边应有就地消纳畜禽粪污的农田、果园、菜园和花卉种植园或具备排污条件，或者设有粪污集中处理场，以利于对环境的防护和减少对周围的污染。

下列区域为禁养区：一是生活饮用水的水源保护区、风景名胜区，以及自然保护区的核心区和缓冲区；二是城镇居民区，包括文化教育科学研究区、医疗区、商业区、工业区、游览区等人口集中区域；三是县级人民政府依法划定的禁养区域；四是法律、法规规定需特殊保护的其他区域。

（二）场区合理布局

根据生产功能，畜禽场可以分成若干区，其分区是否合理、各区建筑物布局是否得当，不仅直接影响基建投资、经营管理、生产的组织、劳动生产率和经济效益，而且影响场区小气候状况和兽医卫生水平。因此，在所选定的场地上进行分区规划与确定各区建筑物的合理布局，是建立良好的畜禽场环境和组织高效率生产的基础工作和可靠保证。

（1）畜禽场内通常划分为生产区（包括畜禽舍、饲料贮存、加工、调制建筑物等）、管理区（包括与经营管理有关的建筑物、畜禽产品加工、贮存和农副产品加工建筑物以及职工生活福利建筑物与设施等）、病畜禽管理区（包括兽医室、隔离舍等）和粪污贮存处理区，要设有粪污专用道。

（2）粪污处理区应设在畜禽场常年主导风向的下风向或侧风向处，与主要生产设施保持一定距离，并建有绿化隔离带或隔离墙，实行相对封闭式管理。处理区与生产区之间应设有专用通道，并设专用门与畜禽场外相通。

（3）畜禽场内应设有清洁道和污染道。清洁道供人员行走和运送饲料，污染道供运输粪便和死畜禽。清洁道与污染道避免交叉，道路走向一般与建筑物长轴垂直。

（4）清洁道作为畜禽场主干道，宜用水泥混凝土路面，也可用平整石块或条石路面，其宽度应能保证顺利错车，为5.5～6.5m。支干道与畜禽舍、饲料库、产品库、兽医建筑物、粪污处理区等连接，宽度一般为2～3.5m。在卫生上要求运送饲料、畜禽产品的道路不与运送粪污的道路通用或交叉。兽医建筑物须有单独的道路，不与其他道路通用或交叉。

（5）畜禽场应有一定空间的绿化面积，建立绿化带，改善畜禽场的小气候，减轻环境污染。

（三）配套防污设施

畜禽养殖生产的污染物包括固体废物（粪便、病死畜禽尸体）、水污染物（养殖场废水）和大气污染物（恶臭气体），其中养殖废水和粪便是主要污染物，具有产生量大、来源复杂等特点，其产生量、性质与畜禽养殖种类、养殖方式、养殖规模、生产工艺、饲养管理水平、气候条件等有关。

畜禽场可能产生的污染物若不处理或是处理不当，不仅会危害畜禽本身，也会污染周围环境，甚至成为公害。因此，在建造畜禽场时，应配套一系列的卫生防护、防污设施，以确保场区内的环境整洁、空气清新、水质清洁。

1. 消毒池

在畜禽场大门口和人员进入的通道口，分别修建供车辆和人员进行消毒的消毒池，以对进入的车辆和人员进行常规消毒。车辆用消毒池的宽度以略大于车轮间距即可。参考尺寸为长3.8m、宽3m、深0.1m。池底低于路面，坚固耐用，不透水。在池上设置棚盖，以防止降水时稀释药液，并设排水孔以便换液。供人用消毒池，采用踏脚垫浸湿药液放入池内进行消毒，参考尺寸为长2.8m、宽1.4m、深0.1m。

2. 污水分离沉淀池

污水中的固形物一般只占1/6～1/5，将这些固形物分出后，一般能成堆，便于贮存，可作堆肥处理。

污水分离沉淀池是建在畜禽场粪尿处理区的重要设施。分为大小不同的 2～3 个池，对污水进行一级和二级处理，其大小可根据畜禽场的规模来定。

3. 粪池和复合肥加工场

其包括粪池和粪晾晒场。粪尿从畜禽舍运来后在粪池中发酵，以增加肥力和致死病原体。可根据畜禽场的规模和数量修建若干个粪池和足够面积的晾晒场地。

复合肥加工场主要是采用腐熟堆肥法对畜禽场的粪尿进行处理，即利用好气性微生物分解畜禽粪便与垫草等固体有机废弃物的方法，具有杀菌、杀寄生虫卵，并能使土壤直接得到一种腐殖质类肥料等优点。

4. 沼气池

沼气池是有机物质通过微生物厌氧消化作用，人工制取沼气的装置。因地制宜砌块建池或整体建池。目前普遍推广水压式沼气池，这种沼气池具有受力合理、结构简单、施工方便、适应性强、就地取材、成本较低等优点，使畜禽场的粪尿、杂草入池堆沤产气，料底做肥料，科学使用沼气，减少浪费，提高热能利用率。

厌氧沼气池的原理是在缺氧条件下，微生物（主要为产甲烷生物）将有机物转化为无臭气体（甲烷和二氧化碳）。产甲烷生物是一组以产生甲烷产物为主的严格厌氧细菌，其生长温度在 20～75℃。沼气池的厌氧处理过程能否发挥好，主要取决于产甲烷的微生物活性，而主要影响其活性的因素为沼气池温度。在厌氧沼气运行中，温度依据季节的不同通常在 10～20℃ 范围内，因此实际上产甲烷效率并不高。这样不仅会导致有臭味脂肪酸的集聚和臭气的产生，同时也会使粪便滞留时间延长，沼气池更容易超负荷。因此，有必要从臭气控制角度重新审视处理和贮存粪便厌氧沼气池的应用。

沼气法具有生物多功能性，既能营造良好的生态环境、治理环境污染，又能开发新能源，为农户提供优质无害的肥料，从而取得综合利用的效益。其在净化生态环境方面具有 3 个优点：第一，沼气净化技术使污水中的不溶有机物变为溶解性有机物，实现无害化生产，从而达到净化环境的目的；第二，沼气的用途广泛，除用作生活燃料外，还可供生产用能；第三，沼气作为开发出来的新能源，能够积极参与生态农业中物质和能量的转化，以实现生物质能的多层次循环利用，并为系统能量的合理流动提供条件，保证生态农业系统内能量的逐步积累，增强了生态系统的稳定性。

5. 干燥池

禽舍最好能建一个干燥池，利用猪、牛粪作为饲料的效果不如鸡粪，这是由于这两种家畜的消化能力强，而且它们的粪与尿分别地排泄，非蛋白氮从尿液排出体外，粪中蛋白质的含量很低。若利用人工高温将湿鸡粪加热，使水分迅速减少，可更好地保存鸡粪中的营养物，亦便于贮存。据试验研究，在200℃左右干燥鸡粪时，能杀死所有的病原微生物，也能破坏除卡那霉素以外所有其他抗菌物质。因此，用干鸡粪做饲料，在预防疾病与控制传染上，比较安全。

使用新鲜鸡粪直接饲喂乳牛和肉牛，效果也很好，但必须注意防止垫草中的农药残留和因粪便处理不好而造成的传染病。

6. 氧化池

氧化池是一种采用水冲除粪时对猪粪加以利用的池子，即收集猪粪利用好气微生物发酵，分解猪粪的固形物产生单细胞蛋白，并减少臭气。

氧化池设于猪舍漏缝地板下或舍外一侧。池为长圆形，池内安装搅拌器，其中轴安装的位置略高于氧化池液面，搅拌器不断旋转，其作用是：使漏下的固体粪便加速分离，使分离的粒子悬浮于池液中，同时向池液供氧，并使池内的混合液沿池壁循环流动，使氧化池内有机物充分利用好气性微生物发酵，以使猪粪的生物学价值大为提高，其氨基酸含量提高 $1 \sim 2$ 倍，同时富含钙、磷和各种微量元素。

可利用氧化池混合液作营养液养猪，其饲喂效果表明：猪粪尿必须借助于微生物作用提高其生物学价值后，才能成为非反刍家畜有价值的饲料。

二、改进饲养方式

随着我国动物养殖规模的不断扩大和养殖水平的不断提高，在动物疾病的预防和控制中，免疫和药物的使用越来越受到重视，但经过20多年的实践证明，在国内复杂的环境中，传染性病原愈演愈烈，其重要原因之一是畜禽养殖场忽视了生物安全体系的建立。生物安全体系是一种以切断传播途径为主的包括全部良好饲养方式和管理在内的预防疾病发生的良好生产管理体系。在生物安全体系中，饲料和饮水的控制至关重要。

（一）改进饲料配方

畜牧业的污染主要来自畜禽粪便和臭气排出以及食品中有毒有害物质的残留，其根源却在饲料。饲料被动物摄入后，各种营养成分不可能完全被动物吸收和利用，没有被吸收的成分将随粪便排出。动物对各成分的利用率越高，则排泄物中的营养含量就越低，对环境的污染就越少。同时，也可节省饲料，减少对各种资源的消耗，降低养殖成本。因此，饲料可作为畜禽排泄物污染的主要源头，同时也是作为控制畜牧场污染的重要源头，饲料配方的设计要尽可能地本着污染少、成本低、饲料回报率高的原则，最大限度地提高畜禽对营养物质的消化和利用，以减少粪尿的排泄量，减少污染。

目前世界先进水平的肉猪料肉比为 2.4:1，我国目前只有少数达到 3.5:1。通过科学配料、饲养，使用高效促生长添加剂和采用高新技术改变饲料品质，采用氨基酸平衡及理想蛋白原理，应用现代生物工程技术酶制剂、活菌制剂以及"生态营养"技术，提高畜禽肉料比，减少氮、磷等养分的食入量并提高其利用率，可以从总体上减少排泄，特别是减少氮、磷的排泄，从源头控制排放量。

为此应科学地配制饲料配方，提高畜禽饲料利用率，尤其是提高饲料中氮的利用率，降低粪便中氮污染，是消除畜牧业环境污染的"治本"之举。为了达到这一目的，一方面要培育优良品种，科学饲养、科学配料，应用高效促生长添加剂和利用新技术改变饲料品质，控制畜禽氮、磷、钾的排放量，减少粪便发酵中氨与硫化氢的挥发，减轻氮素损失与粪便的恶臭；另一方面要根据生态营养原理，开发环保饲料，这样才能收到良好的效果。随着生物技术和基因工程的迅速发展，酶制剂、益生素、寡糖、核苷酸饲料添加剂在饲料中的应用也越来越多，其在促进动物生产性能的同时也降低了养殖业对环境的污染。

1.选购符合生产绿色畜禽产品要求和消化率高的饲料原料

有什么样的饲料原料，就产生什么样的饲料产品。为使生产的饲料达到消化率高、增重快、排泄少、污染少、无公害的目的，在选购饲料原料时一是要注意选购消化率高、营养变异小的原料。据测定，选用高消化率饲料至少可减少粪中 5% 氮的排出量；二是要注意选择有毒有害成分低、安全性高的原料。

2. 尽可能准确估测动物对营养的需要量和营养物质的利用率

设计配制出营养水平与动物生理需要基本一致的日粮，是减少营养浪费的关键。而要设计配制出与生理需要量基本相一致的日粮，就要准确地估测动物在不同生理阶段、不同环境日粮配制类型等条件的营养需要量和对养分的消化利用率。所以，配制生态营养饲料的前提是有优质的原料，核心是准确估测动物对营养的需要量和所用原料的消化率。

3. 按照理想蛋白质模式配制低蛋白质日粮

蛋白质营养价值的高低不仅是蛋白质含量的高低，更重要的是要考虑蛋白质中氨基酸的平衡性能否满足生产的需要，而理想蛋白质模式正是基于这样的一种研究。在生产实践中常以赖氨酸作为第一限制性氨基酸，以其需要量为 100%，其他氨基酸则按其在体组织蛋白中与赖氨酸的比例来配合，调节氨基酸之间的平衡。

按照理想蛋白质模式，可以适当降低饲料粗蛋白质水平而不影响动物的生产性能，这样既可以节省蛋白质饲料资源，又可以减少氮对环境的污染。据统计，通过理想模型计算出的日粮粗蛋白质水平每下降一个百分点，粪便中氮的排放量就降低 10% ～ 12.5%；当日粮粗蛋白质水平降低 2% ～ 4% 时，氮的排出量可降低 38.9% ～ 49.7%。同时，粪污的恶臭主要为蛋白质的腐败所产生，如果提高日粮中的蛋白质的全价性并合理减少蛋白质的供给量，那么恶臭物质的产生也将会大大减少。产蛋高峰期蛋鸡添加氨基酸实现氨基酸平衡后将日粮粗蛋白质由 17% 降低至 15%，粪氮含量也下降 50%。减少日粮中的蛋白质虽然可以显著降低排泄物中的氮及畜禽舍臭味，而生产性能却无法与高蛋白水平的日粮相比，并且添加合成氨基酸对蛋白质的降低并不是无限的，过度降低日粮粗蛋白质含量，畜禽的生长性能会因氨基酸的需要得不到满足而受到影响。因而，只有提高氨基酸的利用率，在满足氨基酸需要的情况下降低日粮粗蛋白质才有助于降低氮的排泄，达到保护环境的目的。

4. 不使用高铜高锌日粮，并适量添加粗纤维

高铜高锌日粮对动物，尤其是猪具有显著的促生长和防腹泻等效果，被广泛应用于生产中。但由于长期使用高剂量的铜和锌，大量没被动物机体消化吸收利用的铜、锌随粪便排出体外，对生态环境是一个潜在的污染，是一种以牺牲环境质量为代价换取生产一时发展的做法。因此，生态营养饲料中不提倡添加高铜和高锌。

饲料中添加适量的粗纤维也可减少尿中的尿素浓度。研究表明，日粮中非淀粉多糖（NSP）包括木薯粉、甜菜渣等含量较高时，一部分排泄物中的氮可从尿中的尿素转化为粪中的细菌蛋白，为大肠微生物提供生长所需的营养，从而减少血液中的尿素含量，当尿素转移到大肠时，会被细菌尿素酶转化成氨，用于微生物蛋白质的合成，从而减少排泄物中氨的排放，NSP 能减少猪尿中氨的浓度，然而 NSP 能否减少猪排泄物中恶臭化合物的浓度仍不清楚。

5. 配制低磷日粮

饲料中磷的含量往往高于畜禽的实际需要量，畜禽吸收利用率很低，大部分排出体外，对环境造成了污染。低磷日粮在不影响猪磷营养需要的条件下，能有效地改善猪排泄物中磷对环境的污染，具有极大的经济和生态效益。

6. 通过营养调控降低氮和磷的排泄量

畜禽日粮中氮和磷的吸收率只有 30% ～ 35%，因此，要降低氮和磷对环境的污染，就必须提高氮和磷的利用率。科学技术的进步，特别是生物技术的迅速发展，使环保饲料的研究开发成为可能。目前，环保型饲料开发研究通过生物活性物质和合成氨基酸的添加来降低动物氮和磷的排泄量。饲料中应用生物活性物质可有效地提高饲料的品质及养分的利用率、降低畜禽排泄物中氮和磷的含量、减少排泄物的数量。饲料中添加合成氨基酸能更好地使氨基酸平衡，借此降低饲料中粗蛋白质的含量，避免营养性氮源的浪费，降低动物排泄物中的氮含量。

7. 通过营养调控降低微量元素的排泄量

近年来，为达到提高动物生产性能之目的，在饲料中大量使用某些微

量元素、抗生素及其他药物和添加剂，增加了污染物的种类，提高了动物排泄物中污染物的浓度，由此而造成对人类生存环境的污染、危害，并可能对人体产生毒副作用。降低微量元素排泄量的途径是在考虑各种饲料原料中微量元素含量的前提下，用有机微量元素取代无机微量元素。

8. 合理选用环保饲料添加剂

（1）微生态制剂。微生态制剂是根据微生态学原理，选用动物体内的正常微生物，经特殊加工工艺制成的活菌制剂。它能够在数量或种类上补充肠道内减少或缺乏的正常微生物，调整并维持肠道内正常的微生态平衡，增强机体免疫功能，促进营养物质的消化吸收，从而达到增强机体免疫力、改善饲料转化率和畜禽生产性能的目的。微生态制剂具有无毒副作用、无耐药性、无残留的优点，成本低、效果好。目前的微生态制剂菌种的种类主要有乳酸杆菌、芽孢杆菌、粪链球菌、双歧杆菌、酵母菌等。

在正常动物肠道内稳定定植了 400 多种不同细菌类型，总数可达 10 个微生物。这些定植的微生物群落之间以及微生物与宿主之间在动物的不同发育阶段，均建立了动态的平衡关系，这种平衡关系是动物健康的基础。在外界不良因素的作用下，肠道微生物及其与宿主之间的平衡关系一旦被打破，动物的健康就失去了保障，进而表现出病理变化。导致微生态失衡的外界不良因素包括：引入抗生素、激素、免疫疗法、细胞毒性药物及动物应激等。根据微生态环境的动态规律，人们可以采用多种措施来维持或恢复微生态平衡，微生态制剂的应用就属于这些措施之一。

微生态制剂的菌种选择。我国 1996 年公布了 6 种益生菌即乳酸杆菌、粪肠球菌、双歧杆菌、酵母菌、DM423 蜡状芽孢杆菌、SA38 蜡状芽孢杆菌等用于生物兽药的生产。我国于 2016 年第 105 号公告公布的允许使用的饲料添加剂品种目录中，饲料级微生物添加剂有 12 种，可直接饲喂动物，用于益生菌剂（微生态制剂、微生态调节剂）的生产。

微生态制剂的主要作用。一是维持和恢复肠道微生态体系平衡。好氧芽孢杆菌等好氧菌进入动物胃肠道，在生长繁殖过程中消耗肠内过量的气体，造成厌氧状态，利于厌氧菌繁殖，使肠内失去平衡的菌群恢复平衡，达到防治疾病的目的。有研究表明，给下痢仔猪连续 3 天口服地衣芽孢杆菌后，肠内需氧菌与厌氧菌之间的比例由下痢时的 1 ∶ 1 恢复到正常时的

1：1000；厌氧菌中的双歧杆菌、乳酸杆菌显著增加，而大肠埃希菌、沙门菌显著减少。二是抑制致病微生物的繁衍。比如，芽孢杆菌对猪大肠埃希菌、猪霍乱沙门菌、鸡大肠埃希菌、鸡白痢沙门菌有拮抗作用。三是减少疾病以及氨、胺等有害物质的产生。实验证明，给母猪饲喂有益微生物后，能显著地降低肠道中大肠埃希菌、沙门菌的数量，使机体肠道内的有益微生物增加而潜在的病原微生物减少，因而，排泄、分泌物中的有益微生物数量增加，致病微生物减少，从而净化了体内外环境，减少疾病发生。乳酸菌在肠道生长繁殖能产生有机酸、过氧化氢、细菌素等抑菌物质，可抑制肠道内腐败细菌的生长，降低脲酶的活性，进而减少氨、胺等有害物质的产生。四是增强动物机体的免疫功能，抵御感染。有益微生物能促进动物肠道相关淋巴组织处于高度反应的"准备状态"，普通动物与无菌动物相比，普通动物肠黏膜基底层细胞增加，出现淋巴细胞、组织细胞、巨噬细胞和浆细胞浸润，细胞吞噬功能增强，机体免疫功能特别是局部免疫功能增强，分泌型 IgG 的分泌增加，从而有效抵御感染。五是为动物生长繁殖提供必要的营养物质。芽孢杆菌在动物肠道内生长繁殖可产生较高含量的 B 族维生素、维生素 C、维生素 K、P 胡萝卜素等代谢产物，同时还产生乳酸、乙酸、丙酸、丁酸等有机酸，不仅为动物的正常生长繁殖和生产提供营养，而且还有杀灭或抑制病原微生物、减少疾病等保健作用。六是提高消化酶活性。研究表明，枯草芽孢杆菌和地衣芽孢杆菌可以产生较强活性的蛋白酶、淀粉酶和脂肪酶，同时还产生可以降解植物饲料中复杂碳水化合物的酶。

微生态制剂的适用对象和使用阶段：不同的动物适合使用不同类型的菌种，反刍动物适合使用曲霉、酵母及芽孢杆菌类，若给反刍动物使用过多的乳酸菌，反而会扰乱其消化系统，引起不良反应。而单胃动物适合使用乳酸菌、芽孢杆菌、酵母菌，这 3 种类型的菌在单胃动物消化道内都能产生良好效果。

微生态制剂在动物的不同发育阶段使用效果不一样，总的来说，在动物幼龄、老龄、离乳、热应激、冷应激、粗饲、病后初愈及消化道疾病等时期使用，均能取得良好效果，然而在实际饲养中有些因素是不可预见的，如应激、消化道疾病等。因此，需要经常在动物饲料或环境中添加微生态制剂，使用原则是幼龄如乳猪、仔鸡、仔鸭、羔羊、牛犊等，老龄如母猪、产蛋鸡、鸭等，添加量应大于中青年时期。环境恶劣时也需要加大添加量。而水产动物则在各个时期都应添加微生态制剂。

微生态制剂的适宜添加量。微生态制剂的添加量并不是越多越好，其使用量依菌种生产工艺及使用对象不同而不同。每一种微生态制剂产品都需要通过大量的饲养实验来确定最适添加剂量。对于复合型的微生态制剂不能简单地按总菌数来换算，因为不同菌的生长速度和抗逆性不一样。一般按厂家建议的添加量进行添加即可。芽孢杆菌类在猪饲料中每头每天能采食到菌数在 $2 \times 10^8 \sim 6 \times 10^8$ 个较合适，鸡鸭类每只每天采食 $1 \times 10^8 \sim 4 \times 10^8$ 个较合适，牛、羊类每头每天采食 $1 \times 10^8 \sim 5 \times 10^8$ 个。考虑到饲料加工过程中的损失，可以按此标准添加量上浮 50% ～ 100%。酵母菌类在猪饲料中每头每天采食量为 $5 \times 10^9 \sim 8 \times 10^8$ 个为宜，鸡、鸭类为 $3 \times 10^8 \sim 8 \times 10^8$ 个，乳酸类主要用于乳猪，几乎没有用量限制，其使用量主要受制于成本。

（2）饲用微生物酶制剂。饲用微生物酶制剂作为一类高效、无毒副作用和环保的"绿色"饲料添加剂在畜禽养殖业中具有广阔的应用前景，正在逐步替代常用药物类添加剂，实现添加剂"绿色化"。实现畜产品"绿色化"的核心问题是少用或不用抗生素等药物类添加剂，饲用微生物酶制剂效能特点有：第一，补充动物内源酶的不足，提高饲料报酬；第二，分解植物细胞壁，促进营养物质的消化吸收；第三，消除饲料中的抗营养因子，提高饲料转化率；第四，增强动物的抗病能力，提高畜禽成活率；第五，降低氮、磷的排泄量，减少环境污染。

饲用微生物酶制剂的种类。饲用微生物酶按饲料存在的酶反应的底物，可对其进行分类（表5-2）。饲料原料中的抗营养因子及难于消化的成分较多（表5-3）。

表 5-2　饲用微生物酶的分类

饲料存在的作用底物	相应酶的种类	饲料存在的作用底物	相应酶的种类
蛋白质（植物或动物及其羽毛、蹄）	蛋白酶	纤维素	纤维素酶、纤维二糖酶
淀粉	淀粉酶	β－葡聚糖	β－葡聚糖酶
脂肪	脂肪酶	木聚糖或阿拉伯木聚糖	木聚糖酶
植酸盐	植酸酶	甘露糖	甘露糖酶
木质素	木质素酶	果胶	果胶酶
单宁	单宁酶	α－半乳糖杂多糖	α－半乳糖苷酶

表 5-3　几种饲料原料中的抗营养因子或难于消化的成分

饲料原料	抗营养因子或难于消化的成分	饲料原料	抗营养因子或难于消化的成分
小麦	β-葡聚糖、阿拉伯木聚糖、植酸盐	菜籽粕	单宁、芥子酸、硫代葡萄糖苷
大麦	阿拉伯木聚糖、β-葡聚糖、植酸盐	羽毛	角蛋白
黑麦	阿拉伯木聚糖、β-葡聚糖、植酸盐	燕麦	β-葡聚糖、阿拉伯木聚糖、植酸盐
麸皮	阿拉伯木聚糖、植酸盐		
高粱	单宁	早稻	
米糠	木聚糖、纤维素、果胶、果胶类似物	青贮饲料、秸秆	木聚糖、纤维素
豆粕	蛋白酶抑制因子、果胶、果胶类似物、α-半乳糖苷低聚糖		木聚糖、纤维素、果胶

由表 5-3 可知，饲料中的抗营养因子是植酸盐和非淀粉多糖，包括阿拉伯木聚糖、β-葡聚糖、纤维素、果胶，而消除这些抗营养因子的酶制剂就是：植酸酶、β-葡聚糖酶、果胶酶、α-半乳糖苷低聚糖。而对于早期幼小畜禽来讲主要是其内源酶分泌不足。一般在常规日粮饲料中常添加淀粉酶、蛋白酶为主的复合酶，以促进营养物的消化吸收，消除营养不良和减少腹泻的发生。

①饲用植酸酶的应用：植物性饲料中 60% 磷以植酸盐的形式存在，难为单胃动物利用而随粪便排出，污染环境。据统计，美国每年从畜禽粪便中排出的磷就达到 200 万吨，单胃动物养殖量最大的中国更高达 250 万吨以上，是水体富营养化污染的罪魁祸首之一。而且植酸盐中的磷通过螯合作用，降低动物对 Zn、Mn、Ca、Cu、Fe、Mg 等微量元素的利用，还可通过蛋白质结合，形成复合体而降低动物对蛋白质的消化吸收。研究表明，猪、禽日粮添加植酸酶可提高植酸磷的利用率，取代或减少无机磷酸盐的添加，同时减轻因磷酸盐含氟量高而产生的中毒。同时，使磷的排放量大幅度降低，蛋白质、矿物质的消化率亦提高，对于因磷污染环境而制约家禽、家畜饲养业发展的国家，饲料中添加植酸酶具有特别重要的意义。

②蛋白酶、淀粉酶、脂肪酶的应用：蛋白酶的作用是将组成蛋白的大分子多肽水解成寡肽或氨基酸，淀粉酶的作用是将大分子淀粉水解成寡糖、极限糊浆和葡萄糖。脂肪酶的作用是可将天然油脂分解，最终产物为单酸苷油脂、脂肪酸。研究表明，仔猪胃肠道的消化酶活性随着年龄增长而增长，但断奶对消化酶的活性增长趋势有倒退的影响，在第 4 周至断奶后 1 周内各种消化酶活性降低到断奶前水平的 1/3。这时的肠道消化生理功能不适应高淀粉、高蛋白的饲料日粮，引起胃肠功能紊乱，易诱发腹泻，同

时脂肪酶活性低也是诱发腹泻的原因之一，如果在仔猪饲料日粮中加入外源性淀粉酶、蛋白酶、脂肪酶来补充内源性酶分泌不足，可以改善消化，减轻腹泻。

③非淀粉多糖酶的应用：在非常规植物性饲料中存在大量的非淀粉多糖，β-葡聚糖酶、木聚糖酶和果胶酶能水解水溶性β-葡聚糖、木聚糖和果胶，能有效降低动物肠道中食糜黏度，有利于内源消化液充分和食糜混合，充分消化，利于营养物的吸收以及提高饲料的利用率及能量，降低料重比。在以大麦为基础的日粮中加β-葡聚糖酶后，肉鸡增重可提高46%，脂肪消化率提高19.3%。大量试验表明，日粮添加高比例的小麦，同时加木聚糖酶，肉鸡的表观代谢能、增重、饲料转化率、蛋白质消化率、脂肪消化率及粪便均得到改善。与玉米相比，其生长或饲料转化率与玉米日粮相同，甚至超过玉米日粮。南京农业大学用米糠在肉鸡上做试验，在米糠日粮添加以木聚糖为主的粗酶制剂，其日增重可提高11.1%，为米糠类饲料的利用开辟了有效途径。

（3）低聚糖。低聚糖又称寡糖，是指由2～10个单糖经脱水缩合以糖苷键连接形成的具有支链或直链的低度聚合糖类的总称，具有低热值、甜味、稳定；安全无毒、黏度大、吸湿性强，不被消化道吸收等良好的理化性质。低聚糖是食品和饲料原料中的一种天然成分，以不同形式存在于植物中（如大豆、洋葱、酵母和菊芋）。目前作为饲料添加剂的低聚糖主要有低聚果糖、半乳聚糖、甘露蜜糖、葡萄糖低聚糖、半乳蔗糖、大豆低聚糖、棉籽糖、低聚异麦芽糖。

低聚糖作为饲料添加剂的生理功能。低聚糖对动物的生理功能主要表现在3个方面。第一，低聚糖是动物肠道内有益菌的生长因子。低聚糖能被动物肠道内有益菌（如双歧杆菌、乳酸杆菌）发酵，并为有益菌的生长提供营养素，促进有益菌的繁殖；同时，发酵产生的酸性物质（醋酸、乳酸）降低了整个肠道的pH值，抑制了有害菌的生长繁殖，提高了动物防病抗病能力。第二，低聚糖吸附肠道病原菌，对动物起保健作用。某些种类的低聚糖与病原菌在肠壁上的受体结构相似，它与病原菌表面也有很强的吸附力，可竞争性地与病原菌结合，使其无法附着在肠壁上，结合后的低聚糖不能为病原菌生长提供所需要的营养素，致使病原菌得不到营养而死亡，从而失去致病能力，此外，低聚糖不能被消化道内源酶分解，它们可以携带所附着的病原菌通过肠道，防止病原菌在肠道内繁殖。第三，低聚糖充当免疫刺激的辅助因子。某些低聚糖具有提高药物和抗原免疫应答的能力，它还可以促进骨髓内巨噬细胞的发育，提高动物细胞水平和体液水平的免疫功能，提高动物的抗病能力。

低聚糖在畜禽养殖业中的应用。低聚糖作为新型饲料添加剂，其在畜禽体内起着抑制肠道病原菌繁殖及免疫促进剂的作用，可明显提高畜禽的抗病能力，减少死亡率，提高畜禽生产能力。

①低聚糖在养猪业上的应用：在仔猪日粮中添加 0.15% 的低聚果糖，与添加抗生素相比较，可显著提高仔猪的日增重，降低饲料转化率。因此，低聚果糖可代替抗生素应用于仔猪的饲粮中。国外有报道，添加低聚糖不仅可以提高仔猪日增重，而且可降低仔猪腹泻率。此外，某些低聚糖可改变猪肠道后段微生物菌群，从而减少猪粪臭味，减少臭味对环境的污染。

②低聚糖在家禽养殖业中的应用：低聚糖用于肉用仔鸡日粮中，可显著提高生长前期的平均日增重和饲料转化率，提高生产性能。由于低聚糖的免疫促进作用，减少了肉仔鸡下痢及沙门菌的侵袭，改善了健康水平，降低了肉仔鸡的死亡率，提高了经济效益。深入的研究表明，低聚糖对改善热应激情况下家禽的健康状况和生产水平有一定的作用。在热应激期肉鸡日粮中添加低聚糖能显著改善饲料利用率，增加日增重和采食量。低聚果糖对鹌鹑的产蛋性能有一定促进作用，并且显著影响脂肪代谢，提高细胞免疫功能，同时血液中甲状腺素水平发生显著变化。

（二）改进用水管理

水是生命之源，是有机体的重要组成部分，水质的好坏直接影响畜禽的饮水量、饲料消耗和生产水平，作为动物机体一种重要的营养成分，畜禽对水的摄入量远远大于其他营养元素。水作为一种溶剂，因其可以溶解和悬浮许多物质，故可用于清洗个体生活和生产过程中产生的污物，但是被致病微生物污染了的水源是难以迅速自净的，因此加强畜禽场饮用水的管理，保证畜禽饮用水的供应和安全卫生对畜禽的健康和生产具有重要意义。

1.供水系统管理

（1）水源管理。畜禽场水源要远离污染源，如工厂、垃圾场、生活区与储粪场等；水井设在地势高燥处，防止雨水、污水倒流引起水源污染；定期检测饮用水卫生状况。

（2）入舍水管理。微生物能通过吸附于悬浮物表面进入畜禽舍感染畜禽，因而在进入畜禽舍的管道上安装过滤器是消除部分病原体、改善入舍水质量的有效方法。为保证入舍水的过滤效果，过滤器应每周清洗1次，定期更换丧失过滤功能的滤芯；如果过滤器两侧有水表，可通过观察进水口与排水口水表的水压差来判断过滤器清洗、更换时间。当进水处压力值等于排水处水压值时，可不考虑过滤器清理或更换，当进水处压力值高于排水处水压值时，应及时清理或更换滤芯。

（3）饮水管理。由于饮水管长时间处于密闭状态，管内细菌接触水中固体物时会分泌出黏性的、营养丰富的生物膜，生物膜形成后又会吸引更多的细菌和水中其他物质，从而迅速成为病原菌繁殖的活聚居地，使原本封闭的饮水系统变成了传递病原菌的工具。所以养殖者要加强对饮水管的管理，具体方法如下。

存栏舍饮水管清理：每15d用高压气泵将消毒液注入饮水管内，对其进行冲洗消毒，浸泡20min后，用高压水冲洗20min。

空栏舍饮水管清理：通过冲洗的方式清理饮水管后，用高压气泵将水线除垢剂注入饮水管内，浸泡24h后，用高压气泵冲洗1h。

2. 饮用水用药管理

饮用水投药前，首先检测饮用水的pH值，防止药物被中和，其次饮用水投药前2天对饮用水系统进行彻底清洗（消毒后的饮用水系统更应彻底冲洗），以免残留的清洗药物影响药效。投药结束后也应对饮用水系统进行清洗，不仅可以防止黏稠度较大的药物粘连于饮用水管表面，滋生氧化膜；还可防止营养药物残留于饮用水中，滋生细菌。

3. 饮用水免疫管理

为保证饮用水免疫的成功，稀释疫苗用水最好用蒸馏水、清洁的深井水或凉开水，pH值接近中性。饮水器具要清洁、无污物、无锈，不要用金属饮水器，最好用塑料饮水器。免疫时最好在水中加入0.1%～0.2%的脱脂奶粉，以保持疫苗的免疫力，同时还可中和水中的消毒剂。

三、控制臭气污染

随着畜牧业的迅速发展，畜禽养殖场粪便处理利用的问题尤为突出。畜禽粪便量急剧增加，畜禽粪便的含水量高、恶臭，加之处理时容易发生 NH_3-N 的大量挥发，畜禽粪便中含有的病原微生物与杂草种子等，均对环境构成了严重的威胁，因此，减量化、无害化、资源化和综合利用畜禽粪便成为畜禽粪便处理的基本方向。从保护环境和资源再利用的角度考虑，对畜禽粪便的处理主要包括两层含义：一是要通过简单有效的方法对畜禽粪便进行处理，使之能成为有用的资源被再次利用（如作为饲料或有机肥料等）；二是在此处理过程中，要达到除臭的目的。随着当代技术的进步，对畜禽粪便的处理，正在从长期沿袭的仅仅作为农家粪肥就近施用的方式扩展到加工转化为燃料、商品化肥料、饲料产品等。20 世纪 60 年代末以来，日趋严重的畜禽粪便污染环境的困扰和粮食、饲料短缺的威胁，促进了国外对畜禽粪便再利用技术的开发。欧洲、北美的一些国家和日本的养鸡企业逐渐配备鸡粪处理设施，以干燥装置为主体、形式多样的鸡粪加工设备，在 70 年代相继投入使用，此后直至 80 年代末，化学生物发酵处理等技术也得到较为广泛的应用。自 80 年代以来，中国采用太阳能、气流、高温以及膨化、微波、发酵、热喷处理等加工畜禽粪便的研究与应用，至今已初见成效。

为了减轻畜禽排泄物及其气味的污染，从预防的角度出发，可在饲料中或畜舍垫料中添加各类除臭剂。20 世纪 90 年代初，澳大利亚对粪池安装浅层曝气系统以减少臭气；美国用一种丝兰属植物的提取液作饲料添加剂混入饲料中，以降低畜禽舍中的氨气浓度。也有的用丝兰属植物提取液、天然沸石为主的偏硅酸盐矿石（海泡石、膨润土、凹凸棒石、蛭石、硅藻石等）、绿矾（硫酸亚铁）、微胶囊化微生物和酶制剂等，来吸附、抑制、分解、转化排泄物中的有毒有害成分，将氨变成硝酸盐，将硫化氢变成硫酸，从而减轻或消除污染。近年来，中国一些大型养殖场也大量推广使用除臭添加剂和在畜禽舍内撒放消臭剂，以消除臭味。畜禽粪便的除臭技术从机理上分主要包括物理除臭、化学除臭及生物除臭。

（一）物理除臭

物理除臭技术是采用向粪便或舍内投（铺）放吸附剂或除臭物质以减少臭气的散发。吸附剂宜采用沸石、锯末、膨润土以及秸秆、泥炭等含纤维素和木质素较多的材料。除臭物质有丝兰提取物、沸石、硫酸钙、氯化钙和苯甲酸钙。丝兰提取物能阻断尿素酶活性，减少氨的产生，促进乳酸菌增殖，在饲料中添加丝兰提取物可减少动物排泄物中 30% 左右的氨气含量。丝兰提取物对猪粪尿有除臭效果。沸石是天然的除臭剂，对家禽消化道产生的有害气体如氨、硫化氢等有很强的吸附力，在猪日粮中添加 5% 的沸石，可使排泄物中的氨含量下降 21%。

物理除臭的具体技术措施有吸收法和吸附法。

1. 吸收法

吸收法是使混合气体中的一种或多种成分溶解于液体中，依据不同对象采用不同的方法：①液体洗涤。对于耗能烘干法臭气的处理，常用的除臭方法是用水结合采用化学氧化剂，如高锰酸钾、次氯酸钠、氢氧化钙、氢氧化钠等，该法能使硫化氢、氨和其他有机物被水汽吸收并除去，该种方法存在的问题是需进行水的二次处理。②凝结。堆肥排除臭气的去除方法是当饱和水蒸气和较冷的表面接触时，温度下降而产生凝结现象，这样可溶的臭气成分就能凝结于水中，并从气体中除去。

2. 吸附法

吸附法是将流动状物质（气体或液体）与粒子状物质接触，这类物质可从流动状物质中分离或贮存一种或多种不溶物质。其中活性炭、泥炭是目前使用最广泛的除臭剂，另外，熟化的堆肥和土壤也有较强的吸附能力，近年来常采用的有折叠式膜、悬浮式生物垫等吸附剂，用于覆盖氧化池与堆肥，减少好气氧化池与堆肥过程中散发的臭气，用生物膜吸收和处理养殖场排放的气体。

（二）化学除臭

畜禽粪便的化学除臭技术主要是利用化学物质与畜禽粪便中的有机物进行化学反应。氧化反应是将畜禽粪便中的有机成分氧化成二氧化碳和水或者部分氧化合物，无机物的氧化则不太稳定。例如硫化氢可以氧化成硫或硫酸根离子，从而达到消除或减少臭气产生的目的。宜采用的化学物质有高锰酸钾、重铬酸钾、过氧化氢、次氯酸钠、臭氧等。

对于新鲜的畜禽粪或垫料用化学药剂进行处理，其方法简易，能可靠地灭菌，保存养分，以含甲醛、丙酸、醋酸的配方最为便宜和安全。

其具体技术措施为氧化法、掩蔽剂法和高空扩散法。

氧化法常包括加热氧化、化学氧化和生物氧化三种。

1. 加热氧化

如果提供足够的时间、温度、气体扰动紊流和氧气，那么氧化臭气物质中的有机或无机成分是很容易的，要彻底破坏臭气，操作温度需达到 $650 \sim 850℃$，气体滞留时间 $0.3 \sim 0.5s$。此法能耗大，应用受到限制。

2. 化学氧化

如向臭气中直接加入氧化气体，但成本高，无法大规模应用。

3. 生物氧化

在特定的密封塔内利用生物氧化难闻气流中的臭气物质。为了保证微生物的生长，密封塔的基质中需要足够的水分。也可将排出的气体通人需氧动态污泥系统、熟化堆肥和土壤中。臭气的减少可以通过一系列的方法，但是生物氧化却是非常重要的。生物氧化对于除去堆肥中所产生的臭气起着重要的作用，是好氧发酵除臭能否成功的关键。

掩蔽剂法是在排出的气流中加入芳香气味以掩蔽或与臭气结合。这种新结合的产物通常是不稳定的，并且在有的情况下其气味可能较原有臭味更难闻，所以目前已很少应用。

高空扩散法是将排出的气体送入高空，利用大自然稀释臭味，适宜于人烟稀少的地区使用。

上述方法如吸附、凝结和生物氧化等在去除低浓度臭味时效果较好，但对高浓度的恶臭气体除臭效果不理想。而畜禽粪处理厂产生的臭味浓度高，因而有必要在畜禽粪降解转化（好氧发酵）过程中减少氨气等致臭物质的产生。首先是调节有机物料的碳氮比，使之既有利于发酵又避免有机质的过量矿化和氨的大量产生；其次是调控有机物料的酸碱度，使已生成的氨成为氨盐；此外在工艺上通过对温度和发酵时间的调控，可预防有机态氮的过量矿化。研究适宜的发酵技术参数，是工厂化生产进行工艺技术调控的依据，可调控的因素可归纳为 5 大类，即：物料性状（包括碳氮比、返料比、颗粒大小、辅料选定等）；环境条件（包括温湿度、通气量、起始含水量、搅拌频率等）；生物因素（微生物接种剂、成熟度等）；物理因素（物料起始质量、发酵床面积与堆肥厚度）和经济因素（固定价值、可变价值）等。

（三）生物除臭

生物除臭技术是近年来国内外研究较多的一种方法。本法具有成本低、发酵产物生物活性强、肥效高、易于推广等特点，同时可达到除臭、灭菌的目的，因而被认为是最有前途的一种畜禽粪便处理技术。该技术是采用"微生物"降解技术，利用生长在滤料上的除臭微生物对硫化氢、二氧化硫、氨气以及其他挥发性的有机恶臭物进行降解。

生物除臭的具体技术措施有厌气池发酵技术、好气氧化池技术与堆肥技术三种。

1. 厌气池发酵技术

厌气池发酵技术是目前处理畜禽废弃物最重要的技术之一。厌气池即沼气池，是利用自然微生物或接种微生物，在缺氧条件下，将有机物转化为二氧化碳与甲烷气。其优点是处理的最终产物恶臭味减少，产生的甲烷气可以作为能源利用，缺点是氨挥发损失多，处理池体积大，而且只能就地处理与利用。美国发展了一种厌氧消化器，可以有效地控制恶臭气体的产生，其体积仅为厌气处理池的 1%。它的缺点是需要一定的投资，且操作需十分小心。我国各地均有采用沼气池处理畜禽粪便的做法，但受到一次性投资过大、沼气池长期效果受温度影响较大、冬季产气量小、夏季产气量大、集约化畜禽场远离居民等的制约，使沼气的利用遇到困难。

2. 好气氧化池技术

在有氧条件下，利用自然微生物或接种微生物将粪便中的部分有机物分解转化为二氧化碳和水，并释放出能量。它的优点在于池的体积仅为厌气池的十分之一，处理过程与最终产物可以减少恶臭气，缺点是需要通气与增氧设备。此外，处理过程中仍有大量的氨挥发损失，处理产物仍有较浓的臭味，养分损失较为严重，影响到处理产物的肥效。为了完善畜禽粪便好气处理技术，减少处理中氨的损失与臭气，各国科学家对除臭剂选择、除臭技术以及减少氨损失的方法进行了大量研究，形成众多的除臭剂。目前，主要有两种除臭剂：一种是微生物除臭剂，以 0.2% 的量添加到饲料中，可减少臭气 82%，用处理过的粪便做堆肥，可减少臭气 50%；另一种除臭剂直接加到畜禽新鲜排泄物中，可减少臭气 37%，做堆肥时可减少臭气 63%。在减少氨挥发损失方面，当 pH 值低于 4 时，可以完全避免氨的挥发损失。

3. 堆肥技术

堆肥处理畜禽粪便是目前研究较多、应用广泛而最有前景的方法之一，是畜禽粪便无害化、安全化处理的有效手段。它是将畜禽粪便等固体有机废弃物按一定比例堆积起来，调节堆肥物料的碳氮比，控制适当水分、温度、氧气与酸碱度，在微生物作用下进行生物化学反应而自然分解，随着堆肥温度的升高杀灭其中的病原菌、虫卵和蛆蝇，处理后的物料作为一种优质的有机肥料。即利用好氧微生物将复杂有机物分解为稳定的腐殖土，不再产生大量的热能和臭味，不再滋生蚊蝇。在堆肥过程中，微生物分解物料中的有机质并产生 50 ～ 70℃ 的高温，不仅干燥粪便降低水分，而且可杀死病原微生物、寄生虫及其虫卵。腐熟后的畜禽粪便无臭味，复杂的有机物被降解为易被植物吸收利用的简单化合物，成为高效有机肥。

第三节　畜禽粪便污染物的清理与贮存技术

一、畜禽粪便污染物的清理技术

目前我国规模化养殖场采用的畜禽粪便污染物清理技术主要有干清粪技术、水泡粪技术、水冲清粪技术和雨污分离技术等。

各种清粪技术所用水量及水质指标如表 5-4 所示。

表 5-4　不同清粪技术的猪场污水水质和用水量

		干清粪	水泡粪	水冲清粪
用水量	平均每头（L/d）	35～40	20～25	10～15
	万头猪场（m³/d）	210～240	120～150	60～90
水质指标 （mg/L）	BOD$_5$	5000～6000	4000～10000	400～800
	CODCr	11000-13000	8000～24000	1000～2000
	SS	17000～20000	28000～35000	100～340

BOD 是一种用微生物代谢作用所消耗的溶解氧量来间接表示水体被有机物污染程度的一个重要指标。其定义是：在有氧条件下，好氧微生物氧化分解单位体积水中有机物所消耗的游离氧的数量，表示单位为氧的 mg/L（O_2，mg/L）。主要用于监测水体中有机物的污染状况。一般有机物都可以被微生物所分解，但微生物分解水中的有机化合物时需要消耗氧，如果水中的溶解氧不足以供给微生物的需要，水体就处于污染状态。一般以 5 日作为测定 BOD 的标准时间，因而称五日生化需氧量（BOD$_5$）。我国污水综合排放标准分 3 级，规定了污水和废水中 BOD$_5$ 的最高允许排放浓度，其中一级标准 BOD$_5$ 值为 20mg/L，二级标准 BOD$_5$ 值为 30mg/L，三级标准 BOD$_5$ 值为 300mg/L。

CODcr 是采用重铬酸钾作为氧化剂测定出的化学耗氧量，即重铬酸盐指数，会有部分因素影响 COD 的值，导致 CODcr ≠ COD，理论上 COD ＞ CODcr，实际应用中 CODcr 表示 COD。重铬酸盐指数即重铬酸盐值，又称重铬酸盐氧化性或重铬酸盐需氧量，记为 CODcr。用标准步骤，以重铬酸钾为氧化剂测定的水的化学需氧量。水样中加入过量的重铬酸钾溶液和硫酸，加热并用硫酸银作催化剂促使氧化反应完善，过剩的重铬酸钾以亚铁灵为指示剂用硫酸亚铁标准液回滴，然后将重铬酸钾消耗量折算为以每升水耗氧的毫克数表示。此法氧化程度高，可用以说明废水受有机物污染的情况。我国污水综合排放标准分 3 级，规定了污水和废水中 CODcr 的最高允许排放浓度，其中一级标准 CODcr 值为 100mg/L，二级标准 CODcr 值为 150mg/L，三级标准 CODcr 值为 500mg/L。

SS（悬浮物）是指悬浮在水中或大气中的粒子，用肉眼可以分辨的固体物质，包括不溶于水中的无机物、有机物及泥沙、黏土、微生物等。水中悬浮物含量是衡量水污染程度的指标之一。悬浮物是造成水浑浊的主要原因。水体中的有机悬浮物沉积后易厌氧发酵，使水质恶化。我国污水综合排放标准规定了污水和废水中悬浮物的最高允许排放浓度，其中一级标准 SS 值为 70mg/L，二级标准 SS 值为 150mg/L，三级标准 SS 值为 400mg/L。

（一）干清粪

干清粪技术是畜禽粪尿固液分离，单独清除粪便的养殖场清理工艺，能及时、有效地清除畜禽舍内的粪便、尿液，保持畜禽舍内的环境卫生，充分利用劳动力资源丰富的优势，减少粪污清理过程中的用水、用电，保持固体粪便的营养物，提高有机肥肥效，降低后续粪尿处理的成本。

干清粪工艺的主要方法是，粪便一旦产生便进行分流，干粪由人工或机械收集、清扫、运走，尿及冲洗水则从下水道流出，分别进行处理。这种技术固态粪污含水量低，粪中营养成分损失小，肥料价值高，便于高温堆肥或其他方式的处理利用。产生的污水量少，污染物含量低，易于净化处理，是目前理想的清粪技术之一。

凡是新建、改建或是扩建的养殖场都应采取用水量少的干清粪工艺，减少污染物的排放总量，降低污水中的污染物浓度，以降低处理难度及处理成本，同时可使固体粪污的肥效得以最大限度地保存和便于其处理利用。

根据养殖场规模情况可选择人工或机械清粪工艺。

人工清粪就是利用清扫工具人工将畜禽舍内的粪便清扫收集。该技术适用于小型养殖场，具有设备简单、不用电力、能耗低、一次性投资少等优点，还可以做到粪尿分离，便于后面的粪尿处理；但劳动量大，生产效率低。

机械清粪指采用专用的机械设备进行清粪，适用于中型以及上规模养殖场。机械清粪效率高，可以减轻劳动强度，节约劳动力，提高工效，但一次性投资较大，运行维护费用较高。而且目前我国生产的清粪机在使用可靠性方面还存在欠缺，故障发生率较高，由于工作部件上沾满粪便，维修困难。此外，清粪机工作时噪音较大，不利于畜禽的生长。养猪场通常采用链式刮板清粪机或往复式刮板清粪机等机械；养牛场的清扫及废物的装卸通常使用可伸缩全轮驱动装载机；养鸡场通常采用传送式鸡粪输送装置。

采用干清粪技术可将混合废水分离为固态粪便和液态废水，有利于高浓度污染物的高效处置及综合利用，生产工艺用水量可减少 40% ～ 50%；废水的化学需氧量、氨氮、总磷和总氮等指标分别降低 88%、55%、65% 和 54%。

采用干清粪的清洁生产方式，可为后续畜禽养殖废水的减少和高效、低成本的处理，以及畜禽粪便的利用创造有利条件。

（二）水泡粪

水泡粪工艺的主要目的是定时、有效地清除畜舍内的粪便、尿液，减少粪污清理过程中的劳动力投入，减少冲洗用水，提高养殖场自动化管理水平。水泡粪清粪工艺是在水冲粪工艺的基础上改造而来的。工艺流程是在猪舍内的排粪沟中注入一定量的水，粪尿、冲洗用水和饲养管理用水一并排放缝隙地板下的粪沟中，贮存一定时间后（一般为 1 ～ 2 个月），待粪沟装满后，打开出口的闸门，将沟中粪水排出。粪水顺着粪沟流入粪便主干沟，进入地下贮粪池或用泵抽吸到地面贮粪池。

水泡粪系统是在建场时设计和施工，粪污收集系统不需要单独投资。一个污水收集系统至少需污水泵 3 台，人工费用极少。后续的粪污处理工艺需进行固液分离，固液分离占地约 50m²，采用螺旋挤压式固液分离机。运行费用主要包括：水费、电费和维护费。一头猪每天需用水 10 ～ 15L，电费主要来自闸门自动开关系统和污水泵用电。优点是：比水冲粪工艺节省用水。缺点是：由于粪便长时间在猪舍中停留，形成厌氧发酵，产生大

量的有害气体如 H_2S（硫化氢），CH_4（甲烷）等，恶化舍内空气环境，危及动物和饲养人员的健康。粪水混合物的污染物浓度更高，后处理也更加困难。该工艺技术上不复杂，不受气候变化影响，污水处理部分基建投资及动力消耗较高。

（三）水冲清粪

水冲清粪工艺是规模化养猪时采用的主要清粪模式。该工艺的主要目的是及时、有效地清除畜舍内的粪便、尿液，保持畜舍环境卫生，减少粪污清理过程中的劳动力投入，提高养殖场自动化管理水平。

水冲清粪的方法是粪尿污水混合进入缝隙地板下的粪沟，每天数次从沟端的水喷头放水冲洗。粪水顺粪沟流入粪便主干沟，进入地下贮粪池或用泵抽吸到地面贮粪池。

水冲粪系统是在建场时设计和施工，粪污收集系统不需要单独投资。其主要设施是高压喷头、污水泵。人工费用极少。后续的粪污处理工艺需进行固液分离，固液分离设施占地约 $50m^2$，采用螺旋挤压式固液分离机。运行费用主要包括水费、电费和维护费。一头猪每天需用水 20～25L，电费主要来自水喷头和污水泵用电。优点是：水冲粪方式可保持猪舍内的环境清洁，有利于动物健康。劳动强度小，劳动效率高，有利于养殖场工人健康，在劳动力缺乏的地区较为适用。缺点是：耗水量大，要用约 5 倍的水将粪便冲出，耗水量大、污水及稀粪量大、处理工艺复杂、设备投资大，且难以处理好，粪便处理后达标排放行不通。如一个万头养猪场每天需消耗大量的水（200～250m^3）来冲洗猪舍的粪便。污染物浓度高，COD 为 11000～13000mg/L，BOD 为 5000～6000mg/L，SS 为 17000～20000mg/L。固液分离后，大部分可溶性有机质及微量元素等留在污水中，污水中的污染物浓度仍然很高，而分离出的固体物养分含量低，肥料价值低。表 5-5 提供了养猪场 3 种清粪工艺水量消耗情况。

表 5-5　养猪场 3 种清粪工艺水量消耗情况

项目		干清粪	水泡粪	水冲清粪
水量	平均每头／（L/d）	10～15	20～25	35～40
	万头猪场／（m^3/d）	60～90	120～150	210～240

（四）雨污分离

雨污分离是将雨水和养殖场所排污水分开收集的措施。雨水可采用沟渠输送，污水采用管道输送，养殖场的污水收集到厌氧发酵系统的进料池中进行后续的厌氧发酵再处理。

建设雨污分离设施的内容包括建设雨水收集明渠和铺设畜禽粪污水的收集管道，保证雨水与粪污水完全分离。

首先，在畜禽养殖场房的屋檐雨水侧，修建或完善雨水明渠，雨水明渠的基本尺寸为 0.3m×0.3m，可根据情况适当调整，雨水经明渠直接流入一级生态塘。

其次，在畜禽养殖场房的污水直接排放口或污水收集池排放口铺设污水输送管道，管道直径在 200mm 以上，如果采用重力流输送的污水管道管底坡度不低于 2%，将收集的畜禽污水输送到厌氧发酵系统的调浆池或进料池中进行处理，水质达标后再进行无害化排放。

由于雨水污染轻，经过分流后，可直接排入城市内河，经过自然沉淀，既可作为天然的景观用水，也可作为供给喷洒道路的城市市政用水，因此雨水经过净化、缓冲流入河流，可以提高地表水的使用效益。同时，让污水排入污水管网，并通过污水处理厂处理，实现污水再生回用。雨污分离后能加快污水收集率，提高污水处理率，避免污水对河道、地下水造成污染，明显改善环境，还能降低污水处理成本，这也是雨污分离的一大益处。

二、畜禽粪便污染物的贮存技术

为了对畜禽粪便进行有效处理与利用，减少污染，畜禽养殖场应分别设置固体粪便和废水贮存设施，如堆粪场、贮粪池、污水池等。

（一）堆粪场

畜禽场内应建立堆粪场，对固体粪便进行有效处理。

通过干捡粪和固液分离出来的畜禽粪便中含有大量的有机质和氮、磷、钾等植物必需的营养元素，但也含有大量的微生物（其中包括正常的微生物群和病原微生物群）和寄生虫（卵）。因此，只有经过无害化处理，消灭病原微生物和寄生虫（卵），才能加以应用。常见的处理方法有生物发酵法、干燥法及焚烧法等。但焚烧法在燃烧处理时不仅使一些有利用价值的营养元素被烧掉，造成资源的浪费，而且容易产生二次污染，不宜提倡。生物发酵法包括自然堆沤发酵、好氧高温发酵、好氧低温发酵、厌氧发酵等方法。一般而言，对固态粪污的处理宜采用自然的或人工的好氧堆肥发酵方法，因为堆肥法比干燥法具有燃料省、成本低、发酵产物生物活性强、粪便处理过程中养分损失少且可达到去臭、灭菌的目的。处理的最终产物较干燥，易包装、撒施，故对于畜禽场捡来的干粪和由粪水中分离出的干物质，进行堆肥化处理是最佳的固体粪便处置方式。

有条件的地区可在一定范围内成立专业的有机肥生产中心，将附近养殖场固体粪便集中收集起来，采用好氧性集中堆肥发酵的方法将其制成优质有机肥，或加工成再生饲料。

如在大型养殖场建立完善畜禽粪便无害化处理设施，可以建一些污物处理池，有条件的地方可以建设无害化处理厂，实行工业化处理，实现零污染排放。工厂化好氧发酵处理是比较彻底的畜禽粪便处理方式，它不会产生明显的二次污染，处理后的产品性质稳定、可以进行贮存和运输。发酵处理后的畜禽粪便，已是稳定的富含有机质的肥源，可以改良土壤，提供作物养分。

利用生物技术生产的生物有机肥，其作用主要是改良土壤，增强地力，减少化肥过量而造成的危害。高效生物有机肥做到无臭、无害化，纯天然、高活性，是生物性和有机性的有机统一。畜禽粪便堆肥化生产，可有效控制畜禽粪随意堆放，有效防止环境污染。生产这种有机肥需用 1% 的菌种、10% 的木屑和 89% 的畜禽粪便，都是废弃资源再利用，具有生物性和有机性双重特征，能有效杀灭畜禽粪便中的病菌、病毒，既可保护生态环境，又可提高农作物的品质。实行工厂化生产可充分考虑各种原料的特点，生产相应的有机肥。这种搭配，既结合了当地重点处理的废弃物，同时对各种有机废弃物的资源从养分、碳氮比、水分、物理性能等多方面做了优良搭配，充分利用了各种有机肥资源。通过一定配比制造的有机物，其理化性质和肥效都远大于畜禽粪便。畜禽粪便转化成高效生物有机肥，可有效控制畜禽粪便的任意堆放，减少了环境污染，同时还可变废为宝，增加养殖户的经济收入，实现面源污染物的减量化、无害化和资源化，有利于保护环境。

（二）贮粪池

畜禽场亦要建立贮粪池，即可采用集中堆贮发酵的方法对畜禽粪便进行处理。该种方法适用于农村养殖比较集中的村屯，投入少，操作简单，效果明显，在广大农村较为容易做到。将各户产生的畜禽粪便统一运出村外空地上堆贮，添加生物菌剂，经一段时间生物发酵处理，从而达到畜禽粪便彻底脱臭、腐熟、杀虫、灭菌的无害化、商品化处理目的。作为有机肥还田，培肥地力，涵养水源，节约农业生产中化肥施用量，降低种植业成本，实现农业和牧业并举，良性循环，改善农民居住环境，加快新农村建设步伐。还可以销售到专业厂家进一步加工生产成专用肥。

堆贮是处理畜禽粪便较为简便、有效、完善的方法。只要有足够的水分（40%～60%）和可溶性碳水化合物，即可与作物的残体、饲草、作物秸秆或其他粗饲料一起堆贮。堆贮时，畜禽粪便与饲草或其他农作物秸秆搭配比例最好是 1∶4。粗纤维的消化率可通过添加氢氧化钠、氢氧化钾、氢氧化铵等碱性物质来提高。堆贮法可提高畜禽粪便的适口性和吸收率，防止蛋白质损失，还可将部分非蛋白质转化成蛋白质。故堆贮畜禽粪便比干粪营养价值高，堆贮又可有效地杀灭细菌。

（三）稳定塘

稳定塘是一种利用天然的或经人工修整的池塘处理废水的构筑物。稳定塘对废水的净化过程和天然水体的净化过程很接近；它是两个菌藻共生的生态系统。

稳定塘处理废水时，废水在塘内的停留时间很长，有机污染物通过水中的微生物的代谢作用而降解。根据稳定塘内溶解氧的来源和塘内有机污染物的降解形式，稳定塘可分为好氧塘、兼性塘、厌氧塘和曝气塘、水生植物塘等。实际上，大多数稳定塘严格上讲都是兼性塘，塘内同时进行着好氧反应和厌氧反应。

以兼性塘为例，介绍其净化污水的原理。废水进入塘内，水中的溶解性有机物为好氧细菌所氧化分解，所需的氧除通过大气扩散进入水体或通过人工曝气加以补充外，相当一部分由藻类和水生植物在光合作用中所释放，而藻类进行光合作用所需的 CO_2 则由细菌在分解有机物的过程中产生。

废水中的可沉固体和塘中生物尸体沉积于塘底，构成污泥，它们在产酸细菌的作用下分解为有机酸、醇、氨等，其中一部分可进入好氧层而被氧化分解，另一部分则被污泥中产甲烷菌分解成沼气。

稳定塘是一种简单、有效而经济的废水处理方法，但是，稳定塘的处理效果受到光线、温度、季节等因素的影响很大，一般不能保证全年达到处理要求。在畜禽养殖业废水处理中常作为强化出水水质的措施，能有效地去除氮、磷等有机物和营养物。

（四）污水池

畜禽场还应建立污水池，可对养殖场污水等进行贮存和处理。

畜禽养殖场污水处理的方法主要有厌氧处理法和厌氧 - 好氧联合处理法。厌氧处理法是处理养殖场高浓度有机废水的常用方法，主要的有厌氧接触工艺（CSTR）、厌氧滤器（Ar）、上流式厌氧污泥床（UASB）、污泥床滤器（UBF）、两段厌氧消化法、升流式污泥床反应器（USR）等，而目前国内养殖场主要采用 UASB 及 USR 处理工艺。

上流式厌氧污泥床（UASB）技术由污泥反应区、气液固三相分离器（包括沉淀区）和气室三部分组成。在底部反应区内存留大量厌氧污泥。污水从厌氧污泥床底部流入与污泥层中的污泥进行混合接触，污泥中的微生物将有机物转化为沼气。污泥、气泡和水一起上升进入三相分离器实现分离。UASB 可在高温条件（50～55℃）及中温条件（35℃）下运行，对于畜禽养殖废水，通常采用中温发酵。UASB 反应器污泥床高度一般为 3～8m，沉淀区表面负荷约 $0.7m^3/(m^2 \cdot h)$，进入沉淀区前，通过沉淀槽底缝的流速不大于 $2m^3/(m^2 \cdot h)$。同时，由于畜禽养殖废水中悬浮物含量较高，因此畜禽养殖废水 UASB 有机负荷不宜过高，采用中温发酵时，通常为 $10kgCOD(m^3 \cdot d)$ 左右。该技术优点是反应器内污泥浓度高，有机负荷高，水力停留时间长，无须混合搅拌设备。缺点是进水中悬浮物需要适当控制，不宜过高，一般在 100mg/L 以下；对水质和负荷突然变化较敏感，耐冲击力稍差。适用于大中型养殖场污水处理的预处理。

升流式固体厌氧反应器（USR）技术是指原料从底部进入反应器内，与反应器里的厌氧微生物接触，使原料得到快速消化的技术。未消化的有机物和厌氧微生物靠自然沉降滞留于反应器内，上清液从反应器上部溢出，使固体与微生物停留时间高于水力停留时间，从而提高了反应器的效率。相比 CSTR 反应器，USR 反应器拥有更大的高径比，通常大于 1.2。同时，USR 技术对布水均匀性要求较高，需设置布水器（管）。为了防止反应器顶部液位高度发生结壳现象，应在反应器顶部设置喷淋管。USR 运行温度和停留时间与 CSTR 基本相同，目前国内多采用中温发酵。该技术优点是处理效率较高，管理简单，运行成本低，适用于中、小型沼气工程。

一般说，活性污泥等好氧处理法，其 COD、BOD_5、SS 去除率较高，可达到排放标准，但氮、磷去除率低，且工程投资大，运行费用高。

自然生物处理法，其 COD、BOD_5、SS、N、P 去除率较高，可达到排放标准，且成本低，但占地面积太大，周期太长，在土地紧缺的地方难以推广。

厌氧生物处理法可处理高浓度有机质的污水，因为它不仅可去除大量可溶性有机物，还可杀死传染病菌，有利防疫。这是固液分离、沉淀和气浮等工艺不可取代的。其自身耗能少、运行费用低，且产生能源，但处理后的水达不到排放标准。

厌氧—好氧联合处理技术，既克服了好氧处理能耗大或土地面积紧缺的不足，又克服了厌氧处理达不到排放要求的缺陷，具有投资少、运行费用低、净化效果好、能源环境综合效益高等优点，特别适合于高浓度有机废水的畜禽场污水处理。如果规模化养殖场采用高效厌氧反应器（UASB）作为厌氧处理单元，COD 去除率可达到 80% ~ 90%，然后采用活性污泥法作为好氧处理单元，COD 去除率可达到 50% ~ 60%，最后采用氧化塘等作为最终出水口利用单元，其出水可达到标准排放要求。

（五）人工湿地系统

人工湿地污水处理技术是 20 世纪 70 年代末发展起来的一种污水处理新技术。它具有处理效果好（对 BOD 的去除率可达 85% ~ 95%，COD 去除率可达 80% 以上），氮磷去除能力强（对总氮和总磷的去除率可分别达60% 和 90%），运转维护方便、工程基建和运转费用低以及对负荷变化适应性能力强等特点。比较适合于技术管理水平不很高、有充足废弃坑塘洼地或土地的乡村地区。人工湿地系统在运行之中，其处理规模有大有小，规模小的仅处理一家一户排放的废水（湿地面积只有 $40m^2$），规模大的占地达 $5000m^2$。

就目前我国养殖业废水处理来说，一般常规厌氧加好氧的处理工艺出水口难以达到相应标准的排放要求，如果采用强制的物理化学措施强化处理效果，往往成本过高。人工湿地系统的特点恰好能弥补养殖业经济能力有限、缺乏有一定操作与管理水平的技术人员的局限，尤其适合地处农村地区的养殖场。采用人工湿地处理系统强化养殖业废水厌氧加好氧或厌氧加氧化塘处理系统的处理效果，不失为一种适宜的处理技术。

1.人工湿地系统的构造与类型

（1）人工湿地的构造。人工湿地系统是一种由人工建造和监督控制的、与沼泽地类似的地面，它利用自然生态系统中的物理、化学和生物的三重协同作用来实现对污水的净化作用。这种湿地系统是在一定长宽比及底面坡度的洼地中，由土壤和按一定坡度填充一定级别的填料（如砾石等）混合结构的填料床组成，废水可以在填料床床体的填料缝隙中流动，或在床体的表面流动，并在床体的表面种植具有处理性能好、成活率高、抗水性强、生长周期长、美观及具有经济价值的水生植物（如芦苇等），形成一个独特的植物生态环境，从而实现对废水的处理。当床体表面种植芦苇时，则常称其为芦苇湿地系统。

在湿地系统的设计工程中，应尽可能增加水流在填料床中的曲折性以增加系统的稳定性和处理能力。在实际设计过程中，常将湿地多级串联、并联运行，或附加一些必要的预处理、后处理设施而构成完整的污水处理系统。

（2）人工湿地的类型。人工湿地可按污水在湿地床中流动的方式不同分为3种类型：地表流湿地、潜流湿地和垂直流湿地。

①地表流湿地：在地表流湿地系统中，污水在湿地表面流动，水位较浅，多在0.1～0.6m。这种系统与自然湿地最为接近，污水中的有机物去除主要依靠生长在植物水下部分的茎秆上的生物膜完成的，难以利用填料表面的生物膜和生长丰富的植物根系对污染物的降解作用，因此其处理能力较低。同时，这种湿地系统的卫生条件较差，易在夏季滋生蚊蝇、产生臭味而影响湿地周围环境；在冬季或北方地区则易发生表面结冰问题，系统的处理效果受温度影响程度大。因而在实际工程中应用较少。但这种湿地系统具有投资低的特点。

②潜流湿地：又称渗滤湿地，污水在湿地床的内部流动，一方面可以充分利用填料表面生长的生物膜、丰富的植物根系及表层土和填料截流作用，易提高处理效果和能力；另一方面则由于水流在地表以下流动，故其有保温性较好、处理效果受气候影响小、卫生条件较好等特点。潜流湿地系统是目前应用较多的类型，但这种湿地系统较地表流湿地系统投资要高一些。

在潜流湿地系统的运行过程中，污水经配水系统（由卵石构成）在湿地一端均匀地进入填料床植物根区。根区填料层由 3 层组成：表层土壤、中层砾石和下层小豆石。在表层土壤种植具有前文所述特点的耐水性植物，如芦苇、蒲草、大米草和席草等。这些植物生长有非常发达的根系，可以深入到表土以下 0.6～0.7m 的砾石层中，并交织成网与砾石一起构成一个透水性良好的系统。这些植物根系具有较强的输水能力，可使根系周围的水环境保持较高浓度的溶解氧，供给生长在砾石等填料表面的好氧微生物生长、繁殖即对有机污染物的降解所需。经过净化的水由湿地末端的集水区中铺设的集水管收集后排出处理系统。一般情况下，这种人工湿地的出水水质优于传统的二级生物处理。

③垂直流湿地：系统中水流综合了地表流系统和潜流系统的特性，水流在填料中基本呈由上向下垂直流，水流流经床体后被铺设在出水口端底部的集水管收集而排出处理系统。这种系统基建要求较高，较易滋生蚊蝇，目前已采用不多。

2. 人工湿地的净化机理

人工湿地对废水的处理综合了物理、化学和生物的 3 种作用。湿地系统成熟后，填料表面和植物根系将由于大量微生物的生长而形成生物膜。废水流经生物膜时，大量的 SS 被填料和植物根系阻挡截流，有机污染物则通过生物膜的吸收、同化及异化作用而被去除。湿地床系统中因植物根系对氧的传递释放，使其周围环境中依次呈现出好氧、缺氧和厌氧状态，保证了废水中的氮磷不仅能被植物和微生物作为营养成分而直接吸收，还可以通过硝化、反硝化作用及微生物对磷的过量积累作用将其从废水中去除，最后湿地床填料的定期更换或栽种植物的收割而使污染物最终从系统中去除。

人工湿地中氧的来源主要是通过植物根系的光合作用（根系输送）对氧的释放、进水中携带的氧以及水面的更新作用而获得。植物根系的输氧作用使得根系周围形成好氧区域，其中形成的好氧生物膜对氧的利用使离根系较远的区域呈现缺氧状态，而在离根系更远的区域则呈现出完全厌氧状态。这些溶解氧含量不同的区域分别有利于大分子有机物及氮磷的去除。

废水中的不溶性有机物通过湿地的沉淀、过滤作用，可以很快地被截留而被微生物利用；而可溶性有机物则通过植物根系生物膜的吸附、吸收及生物代谢过程而被分解去除。

废水中的氮一般主要以有机氮和氨氮的形式存在。湿地处理过程中，有机氮首先被异养微生物转化为氨氮，而后氨氮在硝化菌的作用下被转化为无机亚硝态氮和硝态氮，最后通过反硝化菌的作用以及植物根系的吸收作用而从系统中去除。湿地系统中植物根系的输氧及其传递作用，使得床体中呈现好氧、缺氧和厌氧状态，依靠植物根系营造的交替出现的好氧、缺氧区域，人工湿地中的氮主要是通过硝化和反硝化作用去除的。人工湿地系统较传统活性污泥法有更强的脱氮能力，一般人工湿地对总氮的去除率可达 60% 以上。

人工湿地对磷的去除是通过微生物的积累、植物的吸收和填料床的物理化学性能等几方面的协调作用共同完成。无机磷是植物的必需营养元素，植物吸收的无机磷被合成 ATP、DNA 和 RNA 等植物有机成分，通过对植物的收割而将磷从系统中除去。依靠微生物的吸收、累积和填料床的吸附、置换，最后通过更换填料床从系统中去除磷的能力是有限的。在上述 3 种作用中，一般以植物对磷的吸收、去除作用为主。湿地系统对磷的去除率可高达 90% 左右。

3. 人工湿地的设计及运行

人工湿地污水处理技术还处于开发阶段，尚没有比较成熟的设计参数，一般设计还是以经验为主。由于不同地区的气候条件、植被类型以及地理情况等的差异，一般针对某种废水，先经小试或中试取得有关数据后进行人工湿地设计。设计时要考虑不同水力负荷、有机负荷、结构形式、布水系统、进出水系统、工艺流程和布置方式等影响因素，还要考虑所栽种的植物特点等。

从不同类型湿地系统的特点看，潜流湿地的应用前景更好。对于潜流湿地的设计深度，一般要根据所栽种的植物种类及其根系的生长深度来确定，以保证湿地床中必要的好氧条件。对于芦苇湿地系统，处理生活污水时，设计深度一般为 0.6 ～ 0.7m；处理较高浓度有机废水时，设计深度在 0.3 ～ 0.4m。为保证湿地深度的有效使用，在运行的初期应适当将水位降低以促进植物根系向填料床的深度方向生长。湿地床的坡度一般在 1% 或稍大些，最大可达 8%，具体应根据所选填料来确定，如对于以砾石为填料的湿地床，其底坡度为 2%。

人工湿地系统占地面积较大，处理单位体积的污水，用地面积一般为传统二级生物处理法的 2 ～ 3 倍。因此，采用人工湿地系统处理污水时，应因地制宜确定场地，尽量选择有一定自然坡度的洼地或经济价值不高的荒地，以减少土方工程量、有利于排水和降低投资与运转成本。

在人工湿地系统的设计过程中，应考虑尽可能地增加湿地系统的生物多样性。因为生态系统的物种越多，其结构组成越复杂，则其系统稳定性越高，因而对外界干扰的抵抗力越强。这样可提高湿地系统的处理能力和使用寿命。在湿地植物物种的选择上，可根据耐污性、生长能力、根系发达程度以及经济价值和美观要求等因素来确定，同时要考虑因地制宜，尽量选择当地物种。通常用于人工湿地的植物有芦苇、席草、大米草、水花生和稗草等，但最常用的是芦苇。芦苇的栽种可采用播种和移栽插种的方法，一般移栽插种的方式更经济快捷。移栽插种的具体方法是将有芽苞的芦苇根剪成长 10cm 左右，将其埋入 4cm 深的土壤中并使其上端露出地面。插种的最佳期是秋季，但早春也可以。

为防止湿地系统渗漏而造成地下水污染，一般要求在工程施工时尽量保持原土层，在原土层上采取防渗措施，如用黏土、沥青油毡或膨润土等铺设防渗层。经济条件允许时，可选择适当厚度的聚乙烯树脂板或塑料膜作为防渗材料，但要防止填料对防渗材料的损坏。

参考文献

艾宝明. 2015. 畜牧业养殖实用技术手册 [M]. 呼和浩特：内蒙古人民出版社，05.

白晓文. 2019. 浅谈基层畜牧养殖管理存在问题与解决方法 [J]. 畜禽业，30（8）：51.

蔡金喜. 2019. 畜牧养殖疫病多发原因及有效控制 [J]. 甘肃畜牧兽医，49（7）：68-69+71.

曹立文. 2019. 畜牧养殖过程中环境保护措施 [J]. 中国畜禽种业，15（8）：36-37.

车福仑. 2019. 生态养殖技术在畜牧业中的应用 [J]. 农民致富之友（7）：61.

陈兵. 2019. 浅议畜牧养殖中防疫工作重要性及其措施 [J]. 山西农经（12）：127.

陈华丽. 2019. 浅析绿色畜牧养殖技术的推广 [J]. 中国畜禽种业，15（6）：30-31.

陈会刚. 2018. 畜牧业生产污染与畜牧业可持续发展研究 [J]. 农民致富之友（24）：95.

陈敬华. 2019. 畜牧养殖专业合作社的作用及发展措施分析 [J]. 农家参谋（1）：108.

程吉安. 2019. 畜牧养殖的动物疾病病因与防控策略 [J]. 畜禽业，30（7）：115.

达瓦卓玛. 2019. 基层畜牧养殖管理存在的问题与解决策略 [J]. 畜禽业，30（6）：59.

丁秀琴，童成栋. 2019. 生态畜牧业肉羊养殖技术 [J]. 农民致富之友（9）：56.

董树梅. 2019. 畜牧养殖对生态环境的影响与应对措施 [J]. 今日畜牧兽医，35（8）：48.

董树梅. 2019. 绿色畜牧养殖技术的推广分析 [J]. 新农业（16）：28-29.

高真真. 2019. 畜牧养殖动物疾病病因分析与防控措施 [J]. 河南农业（28）：54.

桂蕴. 2019. 试论畜牧养殖技术推广应用在农村的作用 [J]. 中国畜禽种业，15（6）：21.

贾春梅. 2019. 基层畜牧养殖管理现状与对策 [J]. 农民致富之友（3）：133.

李昌盛. 2019. 浅析畜牧业的发展现状与未来展望 [J]. 中国畜禽种业，15（4）：35.

李春生. 2019. 绿色畜牧业养殖技术的有效推广 [J]. 畜牧兽医科技信息（7）：44.

李国民. 2019. 畜牧养殖的环境污染现状与治理途径 [J]. 畜禽业，30（9）：49-50.

李华志. 2019. 畜牧养殖的环保问题及应对措施 [J]. 畜禽业，30（6）：52-53.

李景致. 2019. 畜牧养殖中动物疾病病因及防控对策 [J]. 中国畜禽种业，15（9）：21.

李石昌. 2019. 浅析畜牧养殖中饲料安全问题及相关因素 [J]. 中国畜禽种业，15（6）：43.

李素霞. 2017. 畜禽养殖及粪污资源化利用技术 [M]. 石家庄：河北科学技术出版社，09.

李彤. 2019. 畜牧养殖技术推广中存在的问题及改进措施 [J]. 中国畜禽种业，15（7）：39.

李兴娟. 2019. 养殖基地在畜牧技术推广中的引导作用 [J]. 中国畜禽种业，15（8）：44.

李永彬. 2019. 如何提高畜牧养殖技术推广效果 [J]. 中国畜牧业（13）：

91.

刘强．2019．探析畜牧养殖的动物疾病病因与防控措施 [J]．中国动物保健，21（7）：23-24.

刘涛．2019．基层畜牧养殖管理存在问题与解决方法 [J]．吉林畜牧兽医，40（9）：101+103.

罗光萍．2019．绿色畜牧养殖技术的有效推广 [J]．农家参谋（18）：139.

马超龙．2019．畜牧养殖动物疾病病因与控防措施探讨 [J]．中国畜禽种业，15（8）：43.

马晓云．2019．如何利用当地牧草资源发展畜牧养殖业 [J]．中国畜禽种业，15（9）：55.

潘树峰．2019．技术提升对畜牧业发展的促进作用探析 [J]．新农业（8）：34.

潘树峰．2019．发展低碳畜牧业的必要性及应对措施研究 [J]．新农业（5）：64-65.

庞彩娜．2019．浅谈畜牧养殖污染的综合治理 [J]．农业技术与装备（7）：92+94.

冉勇兵．2019．畜牧养殖环节食品安全隐患的应对措施 [J]．今日畜牧兽医，35（8）：4.

任明．2019．浅谈生态畜牧业技术的推广 [J]．吉林畜牧兽医，40（6）：48-49.

石仁德，张婷婷，房贤文．2019．浅谈畜牧业污染问题及对策 [J]．科技视界（15）：213-214.

孙晶晶．2019．畜牧兽医工作中动物检疫现状概述 [J]．吉林畜牧兽医，40（9）：68-69.

孙莉，夏风竹．2014．现代养殖实用技术 [M]．石家庄：河北科学技术出版社，02.

田力．2019．种草养羊畜牧业生态化养殖推广技术 [J]．畜牧兽医科学（电子版）（13）：62-63.

王立民．2018．畜牧业可持续发展措施 [J]．畜禽业，29（8）：82.

王烈煜．2019．基层畜牧养殖管理存在问题与解决方法 [J]．中国畜禽种业，

15（7）：7.

王钦正．2019．草原畜牧业绿色发展模式探索 [J]．南方农业，13（21）：
123-124.

王英芬．2018．加强畜牧业发展助推脱贫攻坚 [J]．畜牧兽医科技信息
（10）：37.

王振波．2016．畜牧兽医实用技术推广模式探索与思考 [J]．现代畜牧科技
（10）：20.

武深树．2014．畜禽粪便污染防治技术 [M]．长沙：湖南科学技术出版社，
12.

薛万朝，达富兰．2019．如何更好推广绿色畜牧养殖技术 [J]．新农业（7）：
85-87.

杨登勤．2019．基层畜牧养殖中动物疾病的防控措施研究 [J]．湖北农机化
（12）：55.

杨楠楠．2019．浅析畜牧养殖中怎样做到环保生产 [J]．兽医导刊（17）：
66.

杨显权．2019．畜牧养殖的动物疾病病因及控防对策 [J]．吉林畜牧兽医，
40（7）：63+65.

杨显权．2019．基层畜牧养殖管理存在的问题及对策分析 [J]．吉林畜牧兽
医，40（8）：67+69.

余富江．2019．畜牧养殖专业户的风险及风险管理 [J]．低碳世界，9（6）：
306-307.

余锡春．2019．刍议基层畜牧业发展以及构建策略 [J]．吉林农业（17）：
74.

翟璐平．2019．畜牧业饲料养殖的特点及存在问题分析 [J]．农民致富之友
（2）：43.

赵红勋．2019．畜牧养殖中的环境保护问题分析 [J]．农家参谋（15）：
91.

甄春轶．2019．论畜牧养殖中的环境保护问题 [J]．兽医导刊（17）：
51.

周全华. 2019. 畜牧养殖中环境保护问题的分析 [J]. 今日畜牧兽医，35（6）：70.

周扬开. 2019. 生态养殖技术在畜牧业中的应用 [J]. 吉林畜牧兽医，40（9）：119+121.

朱爱琴. 2019. 畜牧养殖技术在精准扶贫工作中的作用 [J]. 畜牧兽医科技信息（8）：59.